★ 特殊天气 ★

DANGEROUS WEATHER

气候变动的法则

气候变化有那么糟吗

A CHANGE IN THE WEATHER

[奥] 迈克尔·阿拉贝 / 著

马晶 / 译

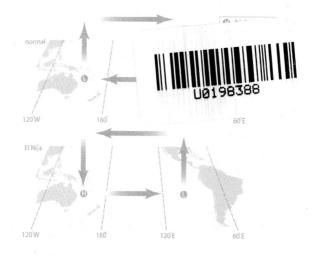

上海科学技术文献出版社

Shanghai Scientific and Technological Literature Press

图书在版编目（CIP）数据

气候变动的法则：气候变化有那么糟吗 /（英）阿拉贝著; 马晶
译 . —上海：上海科学技术文献出版社，2014.8
（美国科学书架：特殊天气系列）
书名原文：A change in the weather
ISBN 978-7-5439-6100-5

Ⅰ．① 气… Ⅱ．①阿…②马… Ⅲ．①气候变化—普及读
物 Ⅳ．① P467-49

中国版本图书馆 CIP 数据核字（2014）第 005258 号

Dangerous Weather: A Change in the Weather

Copyright © 2004 by Michael Allaby
Copyright in the Chinese language translation (Simplified character rights only) ©
2014 Shanghai Scientific & Technological Literature Press Co., Ltd.

图字：09-2014-110

总　策　划：梅雪林
项目统筹：张　树
责任编辑：张　树　李　莺
封面设计：一步设计
技术编辑：顾伟平

气候变动的法则·气候变化有那么糟吗
[英]迈克尔·阿拉贝　著　马晶　译
出版发行：上海科学技术文献出版社
地　　址：上海市长乐路 746 号
邮政编码：200040
经　　销：全国新华书店
印　　刷：常熟市人民印刷有限公司
开　　本：650×900　1/16
印　　张：18.25
字　　数：203 000
版　　次：2014 年 8 月第 1 版　2016 年 6 月第 2 次印刷
书　　号：ISBN 978-7-5439-6100-5
定　　价：32.00 元
http://www.sstlp.com

目录

什么是气候变化

　　我们不妨用一个例子来说明这个问题：当你清晨醒来时，窗外的天空多云而阴暗，没多久，空中飘起了雨丝，但是接近中午时，西方的天空渐渐亮了起来。雨渐细渐歇，终于停了。浓云渐渐散去，露出大片大片的蓝天。到了午后，太阳出来了，照耀着大地，气温开始上升。傍晚时虽然又下了一阵小雨，但是雨停之后日落的美景以及西天的红霞无疑预示着明天是个好天。这就是4月的春天。

　　晴天或阵雨、蓝天或浓云、雨雪冰雹、风起风歇，这些都是我们常见的天气现象。它一日三变，四季不同。春天是细雨煦日，夏天则是暑热酷晒，到了冬天，我们就得穿上更厚重、更保暖的衣服。这种有规律的季节变化可以使我们在生活中提前做好准备。比如为了能保证温暖过冬，我们在夏天里就要检查取暖设施。甚至我们可以准备两套汽车轮胎，一套在夏天使用，另一套则是为冰雪路面而准备的。

　　由于天气变化时时发生，天气预报也就应运而生了。假如天气一成不变的话，我们自己就可以知道明天会是个什么天儿，谁还要天气预报呢。对研究天气预测的人，我们称之为气象学家（meteorologist），而研究天气的这门科学就叫气象学（meteorology）。气象学一词中的meteor来自希腊语meteōron，意思是"大气现象"，而logos一词也来自希腊语，意思是"理由，理念"，所以气象学就是对高空大气中发生的各种大气现象进行解释的科学，而降雨、浓云、沙尘暴以及所有你能想到的发生在大气层中的现象都可以统称为气象。

古希腊的哲学家和科学家亚里士多德（前384—前322）是第一个使用气象学一词的人。他对天气进行了科学的研究，并提出了气象学这一重要概念。他一生著作颇多，在其流传于世的47部著作中，有一部就叫"meteorologica"——《天气现象的原因》。亚里士多德在书中不仅使用了气象学一词，并且试图解释云、雨、冰雹、狂风、雷电、暴雨等形成的原因，指出这些并不是什么天神用来奖赏或惩罚人类的方式，也不是天神之间进行的一种游戏。这些现象均有其自然界的起因，人类是可以了解这些起因的。今天看来，亚里士多德在书中所做的种种解释大多是错误的，但这是由于当时的条件所限。如果人们无法对一些超自然的现象做出解释，那么他们对天气问题的理解也不太可能是准确的。但就亚里士多德而言，重要的是他教会了他的学生们用仔细观察的方法来了解这个世界而不是人云亦云。

天气与气象不同

夸那克过去又称图勒，是一个位于格陵兰岛北部的小镇，人口约600人。与我们在第一段所提到的不同，这里的4月可没有细雨、阳光和迷人的落日。清晨你看到的是蔚蓝清澈的天空以及一望无垠的冰雪世界。将近中午时分，气温会达到0.5℉（-17.5℃）。整个4月份，该地区的降雪量很少，平均是2英寸（40毫米）——如果将这些雪融化的话，只相当于0.2英寸（4毫米）的降雨量。所以4月份在夸那克看到降雪是不太可能的事情。如果你想从事什么户外活动的话，你完全不用担心天气问题，只要记住穿暖和些就可以了。在这里，天气预报只会提供一条人们觉得有用的信息——那就是风力。因为强风会将雪地表面松散的浮雪刮起来，形成雪暴。届时，天地相连，一片白色，人们连方向和距离都难以辨认。气象学上称之为乳白天空。想想看，谁愿意突然之间被困在这种天气里呢？

同样是在4月，在沙特阿拉伯的首都利雅得，天气则是明朗而温暖。清晨的气温大约是64℉（18℃），到了中午则会蹿升至89℉（32℃）。然而别担心，这样的温度并不会使人觉得不舒服，因为少雨的缘故，这里的空气非常干爽。

无论是在你所居住的地方，还是在利雅得或夸那克，一天之中的天气变化都反映出气候的变化。尽管每个地方的天气会随着时间与季节的交替而改变，但是这些变化都有极限：在夸那克永远不会有酷热难耐的日子，阿拉伯海沿岸地区的海水也永远不会结冰。

谈到一个地区的气候情况时，人们其实指的是该地区长期以来的天气平均情况。虽然有记录显示，几年前夸那克4月份的温度最高曾经达到37℉（3℃），而最低的时候是-26℉（-32℃），但这些都被用来计算当地4月份的平均温度。这种平均后的结果对于研究气候类型是非常有用的。

气候一词可以被用来描述某一地区反复发生的天气状况,因此人们对气候做了分类命名。比如阿拉伯半岛的大部分地区属于沙漠型气候,而格陵兰岛则属于极地气候。气候分类是一个看起来简单实则非常复杂的工作,有着很多的分类体系。气候学就是专门研究各种气候的科学,而从事这项工作的人被称为气候学家。气象学与气候学之间虽有联系但又有区别,是两门独立的学科。

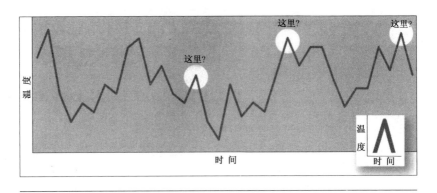

图1　温度记录
图中插入的温度记录表明了一段时间内温度的上升和下降,但是它在长期的温度记录中究竟处于什么样的位置却难以确定。所以短期温度记录是很难被解读清楚的。

气候也在变化

气候与天气一样,也在发生变化,只是变化的速度要慢得多。历史上各个不同时期的气候状况和今天的气候相比是完全不同的。比如,现在的美国芝加哥在很久以前曾被厚厚的冰层所覆盖,气候与现在的格陵兰岛差不多。而在英国伦敦的街道和广场下方,科学家们曾发掘出热带气候所特有的动物遗骸化石，比如河马化石和大象化石。

即便是今天，地球上的气候也在悄然发生着变化，只不过这种变化的进程非常缓慢，让人难以发觉。假如说半个世纪以来，地球的平均温度一直在上升或下降，但这并不意味着这种趋势会在未来继续下去。所以短期内发生的一些气候变化并不是那么可靠。正如我们在图中看到的，把一个短期内出现的趋势置入一个长期的模式当中，其困难程度不亚于猜谜游戏。这也恰恰说明了为什么对地球过去的气候变化进行研究是如此重要，因为只有借助于这些历史记录，才能让我们对未来的气候做出可靠的预测。

气候学和气象学虽然不同，但两者的基础都是来自人们对大气活动方式的了解。温暖的阳光，地球的自转以及大气与各大陆、大洋表面的接触联系等，都会对大气活动方式产生影响。气候学和气象学都是有关地球大气的科学。

地球大气对天气的影响

大气的组成与结构

气候的确在一直发生着变化,这种变化不仅发生在地球上,也发生在太阳系其他有空气存在的星球上,并且这些气候变化在不同历史时期的表现也与现在不同。

金星大气层的密度约是地球大气层的100倍,其表面温度之高足以使铅块融化(见补充信息栏:地球、金星和火星上的大气)。科学家们一直认为金星表面的气候是稳定的,产生高温的原因是金星表面过于厚重的大气层所引发的强烈的温室效应(见第94~104页的补充信息栏)。但是现在他们对此产生了疑问。在20世纪90年代,美国发射的"麦哲伦"号金星飞船对金星的地表进行了拍照,结果发现在金星表面有许多断裂,这些断裂与地球上的断裂极为相似,只是规模小得多。地球上的断裂主要存在于火山岩中,火山岩是由从火山口喷出的熔岩到达地表后冷却形成的。金星上的这些断裂说明，在过去很长的一段时间里，金星表面的温度曾经有过明显的上升和下降，其幅度可能高达 $360°F$（$200°C$）。

但是金星上的这些断裂很可能是大气中某些物质化学变化的结果，而不是火山爆发后冷却形成的。金星大气中蕴含的二氧化硫很可能与金星地表的某些物质发生反应，减少了大气中二氧化硫的成分，减轻了温室效应的影响，从而降低了金星表面的温度。随着温度的降低，更多的二氧化碳物质被金星表面的岩石吸收，温度进一步下降。不管是什么原因，金星上的气候的确在过去经历了明显的变化。并且金星大气的温度很可能会继续以几百摄氏度的幅度攀升或下降，相信金星未来的气候肯定不会是现在这个样子。

从前的火星并不是寒冷的荒漠

火星是个寒冷的星球，尽管在夏季时其热带地区的温度会达到 $80°F$（$27°C$）。火星上的大气层虽然稀薄，但是天气变化在这里并不鲜见。有时漫天的沙尘暴会蒙盖住大片地区甚至整个火星，天空也变成了粉红色。沙尘暴还导致火星表面的温度发生变化。当沙尘暴发生时，气温随之上升，而沙尘暴过后，气温则下降，天空变得清澈无云。更多的时候，火星上的天空是深蓝色的，并为云层所覆盖。这些云层主要由水冰组成。

火星地表的某些特征非常近似于河床和海岸线，科学家推测它们可能就是河床和海岸线。如此说来，火星并非一直是如此的寒冷而干燥，却可能一度又暖又湿，有过河流或湖泊、海洋和降水。

　　在太阳系中，金星和火星是地球的邻居，都有大气层，但是它们的大气层与我们地球上的大气层迥然不同，气候也不同。

　　在地球大气层的组成成分中，氮含量占 78.08％，氧占 20.95％，氩占 0.93％，其余一些气体占据了很小的比例，这其中二氧化碳占 0.04％。地球大气中还含有水汽，其含量时刻在发生变化。正是这些水汽形成了我们地球上的气候特点。与金星、火星相比，地球表面的平均气压值是每平方英寸 14.7 磅力（100 兆帕或 1 个毫巴），平均温度是 59℉（15℃）。

　　在太阳系中，距离太阳最近的行星是水星，其次是金星，地球名列第三。水星上面因为没有大气层也就没有任何的气候变化。金星的体积大小与地球差不多，但是质量比地球小（大约是地球质量的 81.5％）。金星大气层的质量要比地球大气层大，因而其气压值也比地球高，大约是每平方英寸 1 470 磅力（10 000 兆帕或 100 毫巴），金星大气层中二氧化碳的含量最高占 96.5％，氮占 3.5％，其他成分包括少量的一氧化碳、二氧化硫、水汽、氩和氦。

　　金星的表面始终为云层所蒙盖，云层的主要成分是硫黄酸，其高度距地表最近处是 28 英里（45 千米），最高处 43 英里（70 千米）。在云层的上方和下方还有霾层。金星表面温度大约是 850℉（454℃），这样的高温要归因于厚重的大气层与云层相结合所产生的强烈的温室效应。

　　火星距离太阳比地球远，排名第四，其体积也小得多，只有地球的一半大小。火星上的大气压只有每平方英寸0.9磅力（600帕或6个毫巴），空气非常稀薄，其中95.3％的含量是二氧化碳，2.7％是氮，1.6％是氩的，氧气占0.13％，其他成分包括少量的水汽、氖、氪和氙。

　　火星表面平均温度是 $-67^\circ F$（$-55^\circ C$），但是与地球和金星不同，冬季火星两极的山区温度为 $-207^\circ F$（$-133^\circ C$），而夏季在热带，火星暗区的温度可达 $80^\circ F$（$27^\circ C$）。

大气层演化的三个阶段

　　人们已经知道地球上的气候是不断变化的，但是对于大气层的认识却仍然趋向于一种观点：即地球上大气的组成是稳定的，始终是78％的氮气和21％的氧气，还有一些其他气体。其实这种看法是错误的。我们现在所说的大气层是地球大气演化过程中的第三个阶段。

　　大气演化过程的第一个阶段大约是在45亿年前。那时地球被一层正在形成中的气体所笼罩，不断有岩石从地球内部被喷射出来，而喷发时所产生的热量使岩石中的某些成分被蒸发出来，产生气体形成空气。与此同时，来自太空的一些天体也在不断撞击着地球。这些天体中大部分都含有水，有些彗星的水分含量非常高以至于被人们称为"脏雪球"。

喷发和撞击使第一阶段的大气主要由水蒸气构成并混有少量的氢、氮、一氧化碳和二氧化碳。同时这种像锤子敲击钉子似的撞击又使大气中的水很难以液态的形式存在，结果水汽变成了气体而不是云。

　　此后一个体积差不多与火星相近的天体撞击了地球。这次的撞击异常猛烈，以至于当引力最终将撞击所产生的碎片吸引到一起的时候，形成的是两个而不是一个天体：地球和月亮。随后大气层也得以恢复。此时的地球不仅体积巨大而且内部异常炙热，不断有火山开始喷发，其数量远远多于今天的活火山，而火山喷发时所释放出的气体也成为地球大气的一部分。

　　由于有越来越多的天体撞向地球、月亮、金星和火星，并成为这些天体的一部分，围绕太阳运转的天体开始减少，宇宙中的这次大轰炸终于平息了下来，地球也开始冷却。又过了一段时间，地球上的水汽终于得以凝结成云，天空开始下起了雨，雨水落回到地面在低洼处形成了海洋。由于氢气是质量最轻的一种气体，很容易摆脱地球的引力扩散到高空，因此氢的含量此时减少了很多。大气成分与今天金星和火星上的大气成分相似，主要是95%的二氧化碳，3%的氮和少量的一氧化碳与其他气体，密度也远远高于今天的大气，气压值大约是每平方英寸365磅力（2 500兆帕或25毫巴）。

　　这阶段二氧化碳与地表岩石中蕴含的水、碳和镁发生反应形成碳酸盐。这些碳酸盐沉积在海底经过几百万年的压缩和加热形成了石灰岩。地球大气中的二氧化碳的含量逐渐减少降低了气压，减缓了大气与地表岩石间的化学反应，大气开始稳定下来。至此，尽管空气中二氧化碳的含量还非常高，但地球却已经完成了大气演化的第二个阶段。

氧气的累积

当大气演化的第二个阶段结束时，太阳还是宇宙中一个新的天体，威力远不如现在。在太阳中心区发生的热核聚变已经使太阳开始发光，但强度要比现在弱25%~30%，温度也没有现在高。即便如此，此时的太阳已足以使地球水体表面的温度升高。阳光使地球上出现了第一批通过光合作用生产糖的细胞生物。它们是含有叶绿素的藻青菌，生活在水底微生物丛中。这些微生物化石的残骸被称为迭层。氧气是藻青菌进行光合作用时释放出的副产品。

大约21亿年前，大气中的氧含量大约是现在的15%，并且数量在不断增加。臭氧层此时已经在平流层中形成。臭氧是氧的一种形式，它的分子中含有3个氧原子而氧气的分子只含有2个氧原子。其实，当大气中的氧含量还只是今天氧含量的1%的时候臭氧层就已经出现了。

虽然光合作用可以产生氧气，但是我们还不清楚氧气是怎样累积的，因为伴随光合作用发生的还有呼吸作用。当某些生物体死亡时，它们的组织会被其他生物所分解，分解过程中产生的碳是这些生物的能量来源，并通过它们的呼吸作用被释放回空气当中。光合作用可以通过吸收二氧化碳的方式来释放氧气，但呼吸作用却又将碳氧化成二氧化碳从而消耗掉了这些氧气，因此大气中氧的含量并没有发生变化。那么氧气究竟是怎样累积起来的呢？

对此科学家们提出了两种看法。许多科学家认为：既然最早从事光合作用的生物生活在水中，那么大约有0.1%的生物死后就被埋在了海底，从而阻止了过多的生物分解过程的发生，氧气得以在大气中保存。

其他科学家对此有不同的看法。他们认为还有另一个过程在起作用。今天的海底微生物丛与20亿年前的非常近似。夜间，当光合作用停止并且没有氧气产生时，它们便释放出氢气。通常情况下，氢键将水分子中的氢和氧结合在一起。当氢键被打破时，氢气便被释放出来，即$H_2O \rightarrow H^+ + OH^-$。在氧气增加时，氢氧会再度结合形成水，即$2H^+ + O^{2-} \rightarrow H_2O$。但是由于夜间没有氧气被释放出来，大气中氧气的含量没有增加，因此氢氧再度结合形成水的过程就无法发生，大气中原有的氧气得以保存。那些被释放出的氢气，除了一部分被其他生物利用外，其余的则逃逸出大气层进入了太空。大气中的氧气得已累积。

随着氧气的不断增加，大气中二氧化碳的含量越来越少，最终形成目前的大气结构，并且在6亿年的时间里没有任何改变。这是地球大气演化的第三个阶段。在表1上我们可以看到今天大气层的各种组成气体。

表1 目前大气的成分

气　体	化学分子式	含　量
主要成分		
氮	N_2	78.08%
氧	O_2	20.95%
氩	Ar	0.93%
水汽	H_2O	可变
次要成分		
二氧化碳	CO_2	365 p.p.m.v.
氖	Ne	18 p.p.m.v.
氦	He	5 p.p.m.v.
甲烷	CH_4	2 p.p.m.v.

气 体	化学分子式	含 量
氪	Kr	1 p.p.m.v.
氢	H$_2$	0.5 p.p.m.v.
一氧化二氮	N$_2$O	0.3 p.p.m.v.
一氧化碳	CO	0.05~0.2 p.p.m.v.
氙	Xe	0.08 p.p.m.v.
臭氧	O$_3$	可变
微量成分		
氨	NH$_3$	4 p.p.b.v.
二氧化氮	NO$_2$	1 p.p.b.v.
二氧化硫	SO$_2$	1 p.p.b.v.
硫化氢	H$_2$S	0.05 p.p.b.v.

（p.p.m.v.意为体积的百万分率；1 p.p.m.=0.000 1%；p.p.b.v. 意为体积的10亿分率，1 p.p.b. =0.000 000 1%）

大气的分层

地球大气层的90%位于地表到高空大约10英里（16千米）之间，其余的10%可延伸至地表以上350英里（550千米）左右。超过这个高度，更为稀薄的大气与星际间的其他分子、原子或太阳大气层相融合。所以我们很难说清楚地球的大气层究竟有多厚。

空气的密度随着高度的增加而减少。由于外层大气中的分子较分散，彼此间距离较大，很难相互结合，所以空气较稀薄。同样，高度的增加还会带来温度的下降。这就是为什么在位于赤道附近的山峰上也会有经年不化的积雪。人们在爬山时也感觉到高度越高，空气越清爽，温度也越低。但这种情况仅限于地表附近的大气底层。在大气层中的某些地方，高度的增加反而会使温度上升，甚至在海拔310~620英里（500~1 000千米）的高度上，温度可以达到1 830℉（1 000℃）。如图2所示，导致大气按层分布的原因正是高度与温度之间的这种变化。

对流层与对流层顶

大气层中距地表最近的是对流层，其距离地表的高度随地球纬度的不同而变化。赤道地区的对流层高度可达10英里（16千米），在中纬度地区为7英里（11千米），而在极地地区，其高度是5英里（8千米）。空气在对流层中的相互作用十分频繁，因而地球上的各种天气

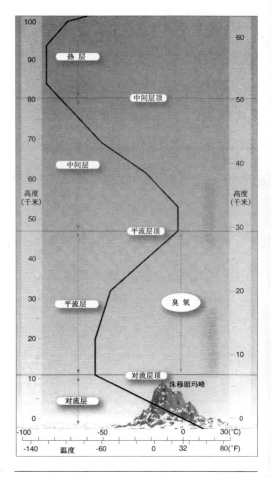

图2　大气结构

现象都是在这一区域发生的。

对流层中的空气温度会随着高度的增加而下降,但到了对流层顶,这种变化便停止了。在这个高度上,空气中温度较高,密度较小的分子在上升过程中似乎受到了其他同种密度的空气分子的阻碍而无法继续前行,因此对流层顶成了它们上升高度的上限。

对流层顶的平均温度在赤道地区较低,是 –85℉(–65℃),而在极地地区则较高,为–22℉(–30℃)。这是由于极地地区的对流层顶距地表较近,空气上升的高度较低,温度下降的幅度不那么明显。

平流层与平流层顶

位于对流层之上的是平流层。平流层的发现和命名要归功于德国气象学家列昂菲利普·坦斯列克·德·保特(1855—1913)。他提出在这一区域空气会按质量的大小按层分布,重的在下,轻的在上。虽然事实证明这种看法是错误的,但是这种说法却延续了下来。

在平流层的底部,温度不随着高度的增加而发生变化,但从高度超过12英里(19千米)的地方开始,温度逐渐上升。高度超过20英里(32千米)后,温度上升的速度开始加快。在平流层的最上层,平流层顶,由于大气中的氧分子与臭氧分子吸收紫外线(UV)辐射的缘故,温度有时甚至超过32℉(0℃)。

平流层顶距离地表的高度在赤道和两极地区是34英里(55千米),而在中纬度地区则是31英里(50千米)。平流层顶的高度还受季节影响。冬季时的层高要超过夏季时的层高。平流层的气压值是每平方英寸0.015磅力（0.100帕或1个毫巴）。

中间层与中间层顶

中间层位于平流层之上，其高度可延伸至距地表50英里（80千米）的高空。中间层顶的气压值大约是每平方英寸0.001帕——相当于海平面气压值的百万分之一。

平流层顶的温度最初不会随着距地表高度的增加而变化，但超过一定高度后，空气温度开始下降。在中间层顶，温度受季节影响变化幅度很大。冬季时为-148℉（-100℃），而在夏季则可升至-22℉（-30℃）。这是由于夏季时紫外线辐射攻击了氧分子，氧分子吸收光子后产生的巨大能量使分子分离成原子：$O_2 + photon \rightarrow O + O$。这样的化学反应使空气受热温度上升。

分离后的氧原子有一部分向下进入平流层，在催化剂M的作用下与氧气形成臭氧分子O_3。之后在光子的作用下，臭氧与氧原子又发生进一步的化学反应，即$O + O_2 + M \rightarrow O_3$；$O_3 + photon \rightarrow O_2 + O$；$O_3 + O \rightarrow 2O_2$。臭氧层就是在这一过程中产生的，它能吸收大部分一定波长的紫外线辐射。

热层、外大气层与电离层

热层位于中间层顶之上，是大气的最外层。热层的高度虽然没有一定的上限,但可以在距地表155英里(250千米)以上的地方对太空飞行器产生影响。热层下层的空气中含有氧原子(O),氮分子(N_2)和氧分子(O_2),其中氧原子主要位于距地表约125英里(200千米)以上的区域。

受氧原子吸收紫外线辐射的影响,热层空气的温度会随着高度增加而升高,有时可达1 800°F(1 000°C)。尽管温度是衡量原子与分子运行速度的标准,而速度又代表原子与分子所聚有的能量,但是由于原子和分子在热层中是分散存在的,所以尽管它们运行速度非常快,但并不会对在这一高度运行的卫星产生任何影响。

热层之上是外大气层,距地表约300~450英里(480~725千米)。空气成分主要包括氧分子(O)、氦原子(He)和氢原子(H)。其中氢原子会不断地飘逸到太空中去。此时平流层顶里的水(H_2O)与甲烷(CH_4)分解后会补充这些散失的氢原子。

从平流层顶到距地表约620英里(1 000千米)之间包括热层和外大气层在内的大气层又叫电离层。在这里,太阳辐射所产生的强大能量使原子分离出电子,这一过程被称为光化电离。失去了一个或多个电子的原子变成了带正电的离子。我们在南北两极地区看到的极光就是太阳风与地球磁场在电离层中相互作用的结果。不仅如此,电离层还可以反射无线电波从而使我们的近距离无线电信号传输成为可能。

二
大气环流

　　尽管太阳的体积比地球体积的100倍还要大，但由于距离地球9 300万英里（1.5亿千米），因而看上去似乎并不算大。这么远的距离也使太阳辐射出的光和热中只有一小部分能够到达地球，而这些也只有当我们面对太阳时才能享受得到（如图3所示）。由于地球上某些地区比其他地区接收了更多的光和热，因而这些地区

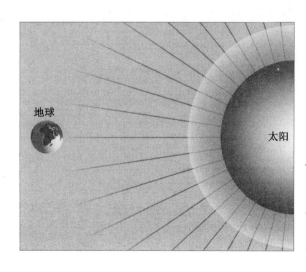

地球

太阳

图3　太阳辐射
太阳与地球之间的距离使太阳辐射出的光和热中只有一小部分能够到达地球。

13

更温暖。

　　假如我们将太阳和地球置入一个圆盘,太阳在盘子中央,地球在盘子边沿的话,那么盘子的边沿就是地球围绕太阳运行的轨道,而圆盘所在平面就是地球围绕太阳公转的平面,被称为黄道平面。将黄道平面与地表的交点连线的话,那么距离这条线越近的地方,气温就越高,阳光越充足。这样的连线在地球上不止一条。正午时人站在这条线上,阳光直射头顶。要不是太阳还可以使地球大气产生降雨和云层的话,这些地区可能会更加酷热难耐。

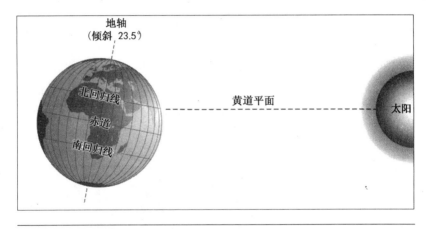

图4　太阳为何直射南北回归线
在地球围绕太阳公转一年的时间里,太阳直射地球表面交点的连线是移动的——从北回归线向南经过赤道到达南回归线,然后再返回。所以一年中太阳总是直射南北回归线之间的地区。

四季与回归线

　　地球自转的平面叫赤道平面,它经过地心并与地轴垂直。赤道平

14

面与地球表面相交形成的圆圈叫做赤道。假如地轴不是倾斜的而是直立的,那么黄道平面与赤道平面就会形成直角,并且将地球沿着赤道一分为二,太阳会始终直射赤道地区。然而事实并非如此。黄道平面与地轴形成的是23.5°夹角,这被称为黄赤交角。当地球围绕太阳运转时,太阳在南北回归线之间移动,直射赤道的时间在一年中只有两天,分别是3月21日和9月23日(也许每年会相差一两天),人们称之为二分点(即春分和秋分)。该词来源于希腊语,意为"相等的夜晚"。因为当太阳直射赤道时,地球上任何地方都是昼夜平分。

6月21日和12月23日被称为二至点(即夏至和冬至),是太阳距离赤道最远的日子。此时太阳分别直射在南北纬23.5°线上(与地轴倾斜的角度一样)。这就是我们在图上所看到的南北回归线。二至点的时间每年也会相差一两天(参见"米路廷·米兰科维奇与天文周期")。南北回归线的英文名字起源于两千多年前命名这条线的时候。北回归线叫tropic of cancer,因为夏至日太阳直射到此处时,正处在十二黄道宫的巨蟹座位置。现在则由于星体运动而移动到了双子座的位置。南回归线叫tropic of capricorn,因为冬至日太阳直射到此处时,是处在十二黄道宫的摩羯座位置。现在则由于星体运动而移动到了射手座的位置。

地球四季的产生是地轴倾斜和地球公转轨道共同作用的结果。太阳直射北回归线时,北半球是夏季,昼长夜短,日照时间远远超过处于冬季的南半球。夏至是北半球日照时间最长的一天。以地处北纬40.72°的纽约为例,其日照时间多达15小时6分钟(由于大气漫射的作用,即使太阳沉入地平线以下天空仍然是明亮的)。在北纬66.5°的北极圈以内地区,夏季时会有极昼现象发生——太阳24小时都挂在地平线以上。当南半球是夏季时北半球则是冬季,夜长昼短。在日照时间最短的冬至这天,纽约的日照时间只有9小时15分钟。在北极圈以内地区则有极夜现象发生——太阳24小时都在地平线以下,即使是正午时分,人们看到的也不过是些许极细微的光亮。

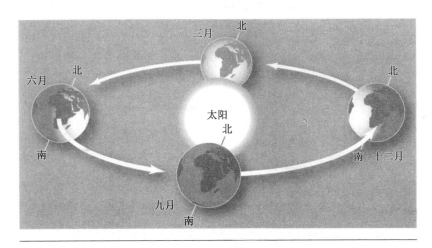

图5　四季与地球公转轨道
受地轴倾斜角度和地球公转轨道的影响,南北半球季节变化相反。

地球为何与月球不同

地球与月亮几乎是同期形成的,距离很近,但二者的表面温度却相差很大。日落之后,地球表面的温度会比白天有所下降,但下降幅度远不如月球。月球朝向太阳的一面,温度可达 273℉（134℃）,背向太阳的一面,其温度则可跌至 –243℉（–153℃）。 这种差异与二者到太阳间的距离无关,是地球上厚厚的大气层和海洋使地球温度有别于月球。

大气层可以阻止地球温度产生极端变化,其影响主要体现在两个方面：热量的储存和输送。白天，大气层可以吸收来自太阳的热量，阻止地球表面温度急剧升高；到了夜晚，它则释放出热量以防止温度的急剧下降（参见"温室气体与温室效应"）。另一方面，大气层将赤道地区的热量输送到南北两极，在降低赤道地区温度的同时又提高了极地地区的温度。

信风和哈得莱环流

水从浴缸的排水口排出时总是会形成漩涡。空气同样也是以旋转的方式运动，人们称为涡度。赤道地区的空气受地面热量的影响温度非常高，形成暖气流上升至对流层顶后由于上升通路受阻飘离赤道上空，低空的冷空气流向赤道地区进行补充。当冷空气向赤道地区流动时，在北半球是向右旋转，在南半球则向左。所以赤道以北地区总是吹东北风，而赤道以南地区总是吹东南风。这种风的风向很少变化，常年吹向一个方向，很守信用，因此被称为信风。

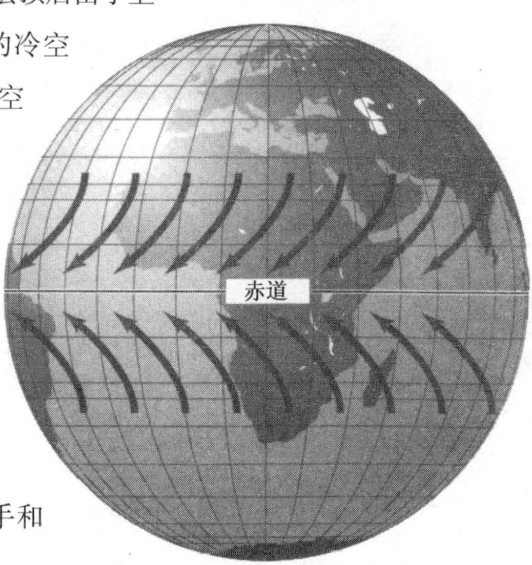

信风早在帆船时代就已被水手和商人们所熟悉和利用。他们在信风的帮助下来往于大西洋和太平洋，

图6 信风

17

在各大洲进行贸易往来,所以信风又被称为贸易风。到了17和18世纪,科学家们试图想解释信风为什么会有较固定的方向。他们通过计算提出了我们今天所说的大气环流理论,这是对空气运转方式的一种描述(参见补充信息栏:乔治·哈得莱与哈得莱环流)。三圈环流模式是对这一理论的简化。尽管大气环流理论未对空气的流动方式给出符合事实的解释,但还是使我们对地球大气有了较全面的认识。

赤道地区海洋面积广大,空气潮湿。受地面温度影响,暖湿气流升至空中并在上升过程中逐渐冷却凝结,给赤道地区带来了丰沛的降水;同时暖湿气流在冷却凝结过程中释放出的潜热使周围空气受热继续上升(参见补充信息栏:潜热与露点)。

当空气与水流从赤道出发向赤道两侧运动时会受到科里奥利效应的影响而发生方向的改变。人们最初并没有认识到这是地球自转的结果,而是将其看做一种力,因此科里奥利效应被简写为CorF(参见补充信息栏:科里奥利效应)。科里奥利效应在赤道地区的数值为零,而在两极地区数值最大。受越来越多的上升暖湿气流的影响,从赤道地区上升的气流因无法穿过对流层顶而飘离赤道上空,在科里奥利效应影响下,在南北纬25°地区改为自西向东运动,不再飘向正南与正北。与此同时,暖气流向周围释放出热量,温度下降,密度加大。受温度与密度改变的影响,空气开始聚集,最终上层的空气比下层空气密度大,空气一路下沉至地面。这种情况在南北纬25°~30°地区均有发生。

相对湿度是指空气中水汽的质量和该空气达到饱和时含有水汽的质量之比,写成百分数。空气在上升过程中由于温度降低会失去水分,而下沉过程中的空气因不断被压缩而产生绝热升温现象,温度升高,水分容量增加，相对湿度下降。下降气流到达地面时干燥而炎热，形成副热带高压区。由于空气的向外流动阻止了潮湿气流的进入，在一些地区形成了干旱性气候。这些地区构成了分布在南北半球的亚热带沙漠，包括美国亚利桑那州的索诺兰沙漠、非洲撒哈拉沙漠、亚洲阿拉伯沙漠、中东沙漠、塔尔沙漠和南半球的卡拉哈里沙漠与澳大利亚沙漠。

从副热带高压区出发的空气向两个方向流动——赤道和极地。飘向赤道地区的空气形成了自东向西的信风，而飘向极地地区的空气形成了中纬度地区的西风带。

赤道与回归线之间的空气环流组成了哈得莱环流。在南北半球，这样的环流不止一个——通常在冬季是五个而在夏季是四个，其位置与副热带高压区的位置是一致的。这与哈得莱最早提出的观点是不一样的。他提出的所谓影响整个半球的环流圈，其实只影响赤道地区。

来自南北两个方向的信风，在热带风面地区汇合，形成一个低压区。该地区的风力非常弱，有时甚至根本没风，因而被称为赤道无风带。

补充信息栏　乔治·哈得莱与哈得莱环流

当欧洲船队第一次离开欧洲越过北回归线穿过赤道时，水手们发现信风无论在风力还是方向上都很少变化，这给他们的航海带来了很大的帮助。到了 16 世纪，几乎所有水手都知道了信风的存在。但直到多年以后才有人开始对信风进行研究。与许多科学发现一样，对信风的研究也经历了几个阶段。

英国天文学家爱德蒙德·哈雷（1656—1742）是第一个对信风作出解释的人。他在 1686 年提出赤道地区的空气温度要比其他地区高，暖气流的上升使赤道两边的冷空气向赤道流动，由此形成了信风。我们今天知道这种解释是错误的，因为如果这样的话，赤道两侧的信风应该分别来自正北和正南而不是东北和东南。

1735 年，英国气象学家乔治·哈得莱（1685—1768）对哈雷的理论提出了修正，指出地球由西向东的自转使空气发生了偏移，形成了东北与东南两个方向的贸易风。这一说法虽然正确地解释了信风，但其理论还是较为粗糙。

此后美国气象学家威廉姆·费雷尔（1817—1891）在 1856 年将科里奥利效应引入大气运动研究之中，指出空气方向的改变是由于空气在运动中围绕自己的竖轴旋转，就像被搅动的咖啡一样。由于是费雷尔第一个发现了在中纬度地区的大气逆流，因此人们称之为费雷尔环流。

在解释信风的过程中，哈得莱对热量从赤道地区向其他地区的传递进行了说明，提出赤道上空的暖空气在高空向极地方向流动并在极地地区下沉。空气等流体由于底部受热而进行的垂直运动被称为环流，所以哈得莱所描述的这种空气运动方式称为哈得莱环流。

地球自转使哈得莱环流的形成不止一个，并且环流的形成过程也非常复杂。来自赤道不同地区的热气流上升至高空 10 英里（16 千米）处时离开赤道上空，冷却后在南北纬 25°~30° 地区下沉。当空气到达地表时，有一部分会向赤道方向回流形成信风，完成低纬度环流，其他的则远离赤道向极地方向运动。

冷空气在到达极地上空时下降，在低空处飘离南北两极。在南北纬 50° 的地区与部分来自赤道哈得莱环流的热气流相遇，形成极峰。在极峰处空气再次上升，一部分飘向极地形成高纬度环流，其他的则飘向赤道地区与下沉的哈得莱环流汇合，成为环流的一部分。

在南北半球各有三组这样的环流，所有的环流中都是暖空气向远离赤道的方向运动而冷空气则向赤道方向运动，人们将其称为大气环流中的三圈环流模式。

极地环流与费雷尔环流

温度低密度大的空气在到达南北两极后下沉至地面，形成极地高压区。空气从此处流出时发生偏移，形成极地东风带。极地东风带与中纬度西风带在极地气流与热带气流交界处汇合形成极峰。在极峰顶端接近对流层顶的地方，峰面两侧的温差极大，形成极峰急流，所以在南北半球的高空中都有自西向东的强风。沿极峰上升的空气中，有一部分会飘回到极地,随着温度的降低下沉至地面形成极地环流,另外一部分空气飘向赤道,在南北回归线地区与高空中的哈得莱环流相遇,一起下沉至地面,形成又一套环流。由于这一环流是被美国气象学家威廉姆·费雷尔发现的,因而被称为费雷尔环流。

除赤道无风带外,世界上还有另一个风弱且风向多变的地区,这就是副热带无风带。副热带无风带又称马纬无风带。据说古代的马匹多用船只运输,当船只行到此处时,常因无风而不能起航,船上的淡水越来越少,马匹经常因渴死而被扔到海里,故因此得名。

赤道哈德雷环流与极地环流都是正环流,受对流影响由厚重的冷空气形成。费雷尔环流则是间接环流,受南北方两个环流的影响而形成。哈得莱、费雷尔和极地环流一起形成我们在图上看到的三圈环流模式。

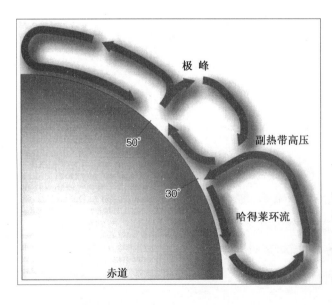

极峰

50°

30°

副热带高压

哈得莱环流

赤道

图7　三圈环流模式

哈得莱环流与极地环流都是正环流,受对流影响由厚重的冷空气形成。费雷尔环流则是间接环流,受赤道哈得莱环流与极地环流的影响而形成。

在这些环流之间，赤道上空的暖气流向赤道两侧运动，而两侧的冷空气则向赤道方向运动进行补充。正是由于有了这套环流模式，赤道地区的温度才不会过高而极地地区的温度也才不会过低。

补充信息栏 科里奥利效应

在向赤道或赤道两侧运动时，除非物体紧贴地面运动，否则物体的运动路线不是直线而是发生偏转。在北半球时物体向右偏转，而在南半球时则向左。所以空气和水在北半球按顺时针方向运动，而在南半球则是按逆时针方向运动。

第一个对此现象做出解释的人是法国物理学家加斯帕尔·古斯塔夫·德·科里奥利（1792—1843）。科里奥利效应由此得名。科里奥利效应在过去又被称为科里奥利力，简写为 CorF。但现在我们知道这并不是一种力，而是来自地球自转的影响。当物体在空中作直线运动时，地球自身也在运动旋转。一段时间之后，如果从地球的角度去观察，空中运动物体的位置会有所变化，其运动趋势的方向会发生一定程度的偏离。这是由于我们在观察运动着的物体时选择了固定在地表的参照物，没有考虑地球自转的因素。

地球自转一圈是 24 小时。这就意味着地球表面上的任何一点都处在运动当中并每隔 24 小时就回到起点（相对于太阳而言）。由于地球是球体，处于不同纬度上的点的运动距离是不一样的。纽约和哥伦比亚的波哥大，或是地球上任何两个处于不同纬度的地区，它们在 24 小时中运行的距离是不一样的。否则的话，地球恐怕早就被扯碎了。

我们再举个例子具体说明一下。纽约和西班牙城市马德里同处北纬 40° 线上。赤道的纬度是 0°，长度为 24 881 英里（40 033 千米），这也是赤道上任何一点在 24 小时之内行过的距离，所以赤道上物体的运行速度都是每小时 1 037 英里（1 665 千米）。在北纬 40° 线上绕地球一圈的距离是19 057 英里（30 663 千米），这就意味在这一纬度上的点运行距离短，速度也较慢，每小时约 794 英里（1 277 千米）。

现在假设你打算从位于纽约正南方的赤道地区起飞飞往纽约。如果你一直向正北方向飞行的话，你绝对到不了纽约（不考虑风向问题）。为什么？因为当你还在地面时，你已经以每小时 1 037 英里（1 688 千米）的速度向东前进了。而当你向北飞行时，你的起飞地点也还在继续向东运行，只不过是速度较慢。从赤道到北纬 40° 的这段距离你大约需要飞行 6 个小时。在这段时间里，你已相对于起飞地点向东前进了 6 000 英里（9 654 千米），而纽约则向东前进了 4 700 英里（7 562 千米）。因此，如果你向正北方向直飞的话，你肯定不会降落在纽约，而是在纽约以东（6 000～4 700 英里）1 300 英里（2 092 千米）左右的大西洋上降落，大概位于格陵兰岛的正南方向。

科里奥利效应的大小与物体飞行速度和所处纬度的正弦函数成正比。速度为每小时 100 英里（160 千米）的物体受科里奥利效应影响的结果要比速度为每小时 10 英里（16 千米）的物体大 10 倍。赤道地区的正弦函数是 $\sin 0° = 0$，而极地地区是 $\sin 90° = 1$，因此科里奥利效应在极地地区的影响最显著，而在赤道地区则消失。

海洋对热量的输送

　　海洋对气候的影响非常显著。我们举个例子来看一下。

　　加拿大艾伯塔省的埃德蒙顿市与爱尔兰首都都柏林分别处于北纬53.58°和北纬53.3°，纬度相近。埃德蒙顿最热的时间是6月，日平均温度是74℉（23℃），而1月最冷的时候，夜平均温度为–4℉（–20℃）。都柏林最热的时间也是在6月，日平均温度是–67℉（20℃），而在最冷的1月，夜平均温度则是34℉（10℃）。

　　两个城市相比，埃德蒙顿夏天较热冬天较冷，其最高温度与最低温度的差值达到了78℉（43℃）。而在都柏林，其温度范围只有33℉（19℃）。为什么埃德蒙顿的冬夏温度变化这么大呢？

　　我们看一下这两个城市到海洋之间的距离就明白了。两个城市的气候都是受西风影响。都柏林位于爱尔兰岛东部沿海地区，气流只需穿过岛的西部便可到达，海洋性气候明显。埃德蒙顿则地处北美大陆内部，气流需经过落基山脉和艾伯塔省西部的山区才能到达,属大陆性气候。可见海洋对埃德蒙顿气候的影响不可小视。

洋流

空气以垂直环流的形式输送热量,而海洋则是以表层洋流和深层洋流的方式输送着热量。

海洋中的洋流也有自己的名字,比如我们所熟悉的加利福尼亚寒流和拉布拉多寒流。其他主要的洋流还有影响日本气候的黑潮与亲潮以及为南美洲西海岸地区的浮游生物、鱼类、海豹和海鸟们带来各种养分的秘鲁寒流。但当厄尔尼诺出现时,将南美洲地区温暖的海水送向亚洲的南赤道暖流规模会减弱,甚至会向南流动阻止秘鲁寒流的上升(参见补充信息栏:厄尔尼诺)。西风漂流是唯一绕地球一周的洋流。由于没有大陆阻挡,南大洋的海水在此环绕南极大陆流动,所以又被称为南极绕极流。

补充信息栏 厄尔尼诺

每隔2~7年的时间,赤道大部分地区、东南亚和南美洲西部地区的气候就会出现异常波动。一些地区变得干旱无雨,如印度尼西亚、巴布亚新几内亚、澳大利亚东部、南美洲东北部、非洲的合恩角、东非的马达加斯加,也包括南亚次大陆的北部地区。与此相反,如赤道太平洋的中东部地区、美国的加利福尼亚州和东南部地区、印度南部和斯里兰卡等地区则是暴雨成灾。这种天气的异常变化至少已经有5 000年的历史了。

在南半球，这种天气的异常变化主要发生在圣诞节到夏季之间。南美洲的西海岸地区原属干旱型气候，但每到此时却雨量激增。降雨虽然对庄稼有利，但当地的居民主要以捕鱼业为生，异常天气导致鱼群的数量急剧减少，使当地人蒙受了巨大的损失。在受其影响最严重的秘鲁，人们把这种现象与圣诞节联系起来，认为是圣婴降临带来的一种神奇力量，称它为"厄尔尼诺"（厄尔尼诺是西班牙语"圣婴"EN的音译）。

厄尔尼诺的出现与消失是一个名为"沃克环流"的大气环流圈变化的结果。它是1923年由英国人吉尔伯特·沃克爵士（1868—1958）首先发现的。沃克发现在太平洋西部的印度尼西亚附近有一个低压区，而在太平洋东部靠近南美洲附近则存在一个高压区。这样的分布有助于信风自东向西流动，并带动赤道洋流也向同一方向流动，将大洋表层的暖流带向印度尼西亚并在这一地区形成暖池。暖池正适合产生上升气流，而从东边吹来的信风刚好从下层补充该地区气流上升后的空间，所以空气在低空是自东向西运动的。但在高空，气流则由西往东反向流动，至赤道太平洋东部较冷水域上空沉降，由此形成东西向的环流圈。这就是所谓的沃克环流。

然而在有些年份，情况会发生变化，出现西高压东低压的情况，信风由此减缓或停止，甚至有时会自西向东逆向运动。

赤道洋流也随之减弱或改变方向，暖池中的海水开始向东流动，加大了南美洲沿岸暖流的深度，抑制了秘鲁寒流的上升，结果使该地区的

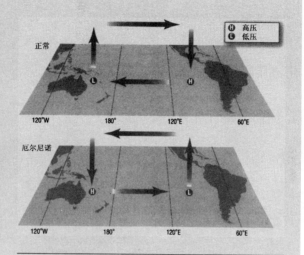

图8　厄尔尼诺
气压区的反向分布使暖流向东流动。

鱼类和其他海洋生物无法获得寒流所携带的营养，数量减少。方向发生变化的贸易风向西运行时还给南美洲带来大量的水汽，造成沿海地区暴雨成灾。这就是厄尔尼诺现象的发生。有时候太平洋西部低压区的气压会进一步下降，而东部高压区的气压则升高。受其影响，信风和赤道洋流的流动速度加快，结果使南亚地区洪水泛滥而南美地区则是旱灾严重。这种现象被称为拉尼娜现象。拉尼娜现象与厄尔尼诺现象都是灾害性的天气变化。赤道太平洋上空气压的这种周期性变化被称为南方涛动，简称SO。人们把它和受其影响而产生的厄尔尼诺（EN）合起来称为ENSO。

地球上的洋流非常多，为便于记忆，人们给这些洋流起了名字。尽管这些洋流名字各异，但它们之间并不是彼此孤立的。从图9上我们可以看到，这些洋流都与一个全球规模的闭合性洋流系统联系在一起。这个系统就是大西洋输送带。

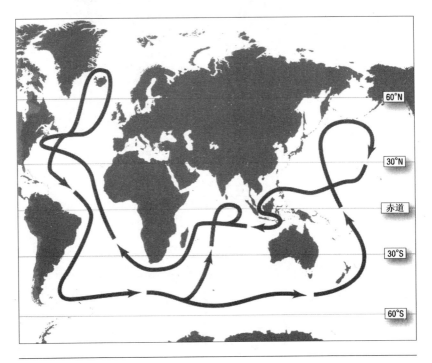

图9　大西洋输送带
这是一个对气候变化有重要影响的全球性的洋流系统，它将寒流带向赤道而将暖流带向极地。

温盐环流与北大西洋深水

在北极圈附近，冬季时海水表面会结成厚厚的冰层，驱动全球性

洋流——大西洋输送带的
动力便来自这一结冰的过
程。冰之所以会浮在海面上
是由于冰的密度小于水。水
的密度随着温度的下降而
增大。淡水在 39.2℉（4℃）
时密度最大而海水则是在
35.6℉（2℃）时密度最大。

　　盐又称氯化钠（NaCl）。
氯化钠分子中的每个原子
都带电，由共价键将其连在
一起：Na^+Cl^-。当氯化钠分
子在水中溶解时，水分子将
其中的钠和氯分离，带正电
的钠离子（Na^+）与水中带负
电的氧离子（O^-）相结合，
而带负电的氯离子（Cl^-）则
与带正电的氢离子（H^+）结
合。但是当海水结冰时，海
水分子中的H^+与另一个海水

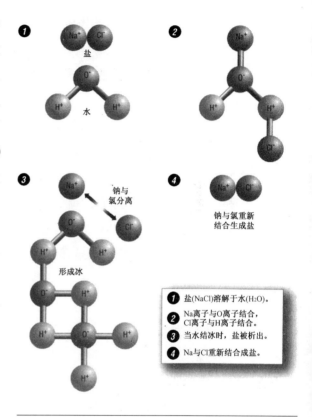

① 盐(NaCl)溶解于水(H₂O)。
② Na离子与O离子结合，Cl离子与H离子结合。
③ 当水结冰时，盐被析出。
④ Na与Cl重新结合成盐。

图10　海水结冰的过程
1. 盐溶解于水；2. 带正电的钠离子（Na^+）与水中带负电的氧离子（O^-）相结合，而带负电的氯离子（Cl^-）则与带正电的氢离子（H^+）结合；3. 结冰过程中Na^+和Cl^-被从海水的分子中析出；4. Na^+和Cl^-结合成盐。

分子中的H^+与另一个海水分子中的O^-结合形成水，其中两个氢原子与氧原子之间形成104.5°的
键角。此时氧离子带负电（O^-），而氢离子则带有正电（H^+）。Na^+和Cl^-
被从海水的分子中析出而结合成盐（如图10所示）。

　　通过上面的分析我们看出结冰过程中海水所蕴含的盐被析出，所

以冰是由淡水而不是海水构成的。在结冰过程中,紧贴冰面的海水因携带了更多被"挤"出来的盐分而密度加大;同时由于大气温度低于海水温度,海水释放出的热量被周围的冷空气吸收,海水温度下降密度也加大。在二者共同作用下,上层海水的密度大大高于下层海水,这样就出现了上层海水的下沉。在挪威海域,上层海水会直接下沉到海底然后向南流动。格陵兰岛与挪威之间的北冰洋深水也是这样形成的。这些海水主要分布在格陵兰岛海和挪威海之间,并在位于格陵兰岛、冰岛和苏格兰岛之间的海脊间奔流,一路沿北大西洋西侧南下,因此又被称为北大西洋深水(NADW)。因为这种海水的流动是由水温和含盐度的变化引起的,因此被称为温盐环流。

全球海洋输送带

北大西洋深水穿过赤道后一直向南进入南大西洋并与西风漂流寒流汇合后向东继续前进。北大西洋深水的温度高于西风漂流的海水温度,前者时而会升至水面,使南纬60°~75°地区之间的空气受热上升。

含盐高密度大的海水在南极海域的罗斯海和威德尔海附近的冰原处会再次下沉,形成南极深水(AABW)。南极深水是北大西洋深水的一部分。二者汇合后,一部分洋流向北流入印度洋,并在此处形成一个涡漩后改变方向向西前行。余下的洋流继续向东然后再向北汇入南太平洋,流过南太平洋上的诸多岛屿后再次穿过赤道流向北方。

日本位于亚洲东北部的太平洋上,这里因海水较浅而形成浅水区,尤其在大洋东部靠近北美洲一带更是如此。同时在位于北纬50°的阿留申群岛附近有一个暂时性的低压区，这里盛行强劲的西风并由此带动表层海水的流动。受两个因素共同作用的影响，大西洋深水到达这里时上升至海面。

上升至海面的海水在风力的影响下向南流动，形成与北美西海岸平行的加利福尼亚寒流。当到达拉丁美洲所处的纬度附近时，又转而向东成为北赤道暖流。在这一过程中，受信风的影响，海水穿越北回归线时吸收了大量的热量。在到达印度尼西亚时，部分洋流又折回北方，成为流经日本的黑潮暖流。黑潮暖流随后向东前进成为北太平洋暖流，最后向南与北赤道暖流汇合。汇合后的北赤道暖流有一部分在亚洲附近转向南方，之后在靠近赤道时向东形成赤道逆流。余下的部分穿过印度尼西亚群岛进入印度洋。

南赤道洋流位于南太平洋中，自东向西流动时一部分海水向南形成与非洲海岸平行的阿格拉斯暖流。北赤道暖流流经北大西洋的加勒比地区时形成加勒比暖流，并与流经大安的列斯群岛的北赤道暖流的分支安的列斯暖流汇合。在到达中美洲海域时，加勒比暖流顺时针方向前进，绕过墨西哥湾和美国佛罗里达半岛南端后成为佛罗里达暖流，北上到达美国北卡罗来纳州的海特瑞斯角。受科里奥利效应影响，洋流在此处离开北美洲海岸穿过大西洋成为湾流。

湾流在大西洋中部，大约是西班牙和葡萄牙所处的纬度地区分流。大部分向南形成加那利寒流并与北赤道暖流汇合。余下的湾流向东北方向流动，在纽芬兰岛和大不列颠岛所处的纬度位置上再次分流。一部分成为北大西洋暖流，流经英国西海岸和挪威北部，成为挪威暖流。剩下的部分携带温暖的海水向格陵兰岛方向流动，并在此与南下的东格陵兰岛寒流汇合,绕过格陵兰岛南端北上沿格陵兰岛西海岸前进流回到北冰洋。

大西洋输送带从北极地区出发成为北大西洋深水,在南极附近与更多的冷水汇合后在太平洋北部上升至海面。穿越南北回归线之后,将温暖的海水送至高纬度地区。它对世界气候具有重要的影响。

当大西洋输送带活动强烈时,如1870—1899年以及1943—1967年期间,大西洋上的飓风活动就会变得频繁起来,而撒哈拉沙漠南部地区的降雨量会明显增加,同时全世界范围内温度下降,厄尔尼诺现象发生的次数相对减少。当其活动强度减弱时,如1900—1942年和1968—1993年,情况则恰恰相反。

环流圈与边界洋流

洋流像河水一样流过它周围的海域并与其他海水形成明显的对比。例如黑潮几乎是可以看得到的洋流,其宽度可达50英里(80千米),时速为每小时7英里(11千米)。

受科里奥利效应的影响,洋流在靠近或远离赤道时方向发生改变,在靠近陆地时产生转弯。洋流离赤道越远受科里奥利的影响越大,几乎是旋转着穿过整个洋面到达对面的大陆,然后受科里奥利效应的影响再折回到赤道。其路线就像是闭合的圆圈,故称其为环流圈。每个大洋都有一个环流圈。它们在北半球按顺时针方向转动而在南半球则按逆时针方向运动。

环流圈把赤道地区的热量带往其他地区,因而对全球气候有重要影响。环流在大洋两侧靠近大陆的地方成为边界洋流。不论在北半球还是在南半球，大洋西部的边界洋流总是将赤道地区的暖流带往其他地区。在穿越中纬度西风带时，推动其前进的风力逐渐加大，洋流与周围海水产生摩擦，加之距离赤道越远所受到的科里奥利影响越强烈，边界洋流变得狭窄而湍急。人们称这种现象为边界强化。以湾流为例，它的宽度大约是50英里（80千米），流速每小时1.3~2.2英里（2.1~3.5千米），水流量大约是每秒19.42亿立方英尺（55×10^6 立方米）。

大洋东部的边界洋流向赤道方向流动。它们已经摆脱了西风的影响，并且由于离极地地区越来越远，科里奥利效应的影响也在减弱，洋流与周围海水的摩擦减小。以加那利寒流为例，它的宽度可达600英里（1 000千米），流速每小时只有0.22~0.67英里（0.35~1.08千米），每秒钟的水流量为5.65亿立方英尺（16×10^6 立方米）。

边界洋流对大气也会产生影响。西部的边界洋流能使空气温度上升，水汽含量增加而东部边界洋流则会使空气温度降低，所蕴含的部分水汽凝结成云或雾。例如东太平洋上的暖湿气流受附近加利福尼亚寒流的影响会凝结成雾，美国旧金山的多雾天气就是这种原因造成的。由于中纬度地区的空气总是自西向东运动，风从陆地吹向海洋，因而中纬度地区受西部边界洋流的影响不那么明显。

补充信息栏　南极为什么比北极冷？

俄罗斯南极考察站东方站地处南纬78.75°，而格陵兰岛北部的小镇夸那克则地处北纬76.55°。我们在地图上可以找到这两个

地方。它们所处的纬度相同，但是气候却有明显的差异。东方站
最温暖的时间是 1 月份，平均温度 –26℉（–32℃），最冷的月份
则是 8 月，平均温度是 –90℉（–68℃）。夸那克 6 月的平均温度
是 46℉（8℃），而 2 月份的平均温度是 –21℉（–29℃）。

　　尽管处于冰天雪地之中，但两个地方的气候却异常干燥。受
气候影响，两地都只有降雪天气，但折合成降水量后，夸那克的
年降水量只有 2.5 英寸（64 毫米）而东方站则只有 0.2 英寸（4.5

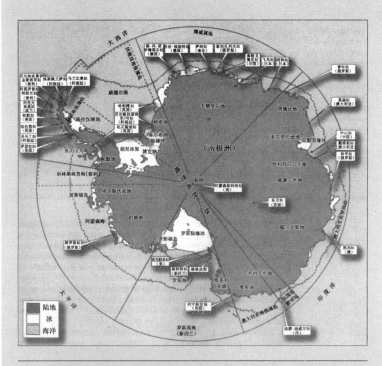

图11　南极洲

毫米）。

　　两地的温度范围差不多：东方站是64℉（36℃）而夸那克是67℉（37℃）。但是东方站远比夸那克更为寒冷，其原因就在于两地所处的环境不同。北极地处北冰洋包围之中，周围有欧亚大陆、北美大陆和格陵兰岛环绕。东方站地处南极内陆，位于东部的冰原之上（也称冰盾）。高空气流下沉到地面后形成的极地高压带使这里一年四季盛行干燥而寒冷的东风。再加

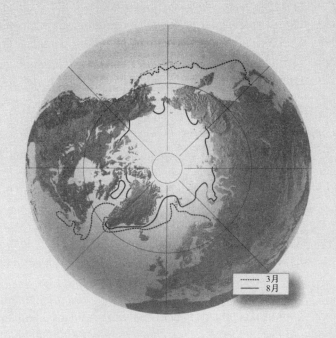

3月
8月

图12　北极盆地
虚线代表3月和8月时的海冰边缘。

上东方站地处海拔 1.3 万英尺（3 950 米）的冰原顶端，因而气候干燥寒冷。

南极地区接收的太阳辐射比北极大约少 7%，因为南极在冬季（6 月）时距离太阳要比北极在冬季（12 月）时距离太阳的距离远 300 万英里（480 万千米）。

夸那克虽海拔较低，但是造成其气候相对较暖的主要原因则是海洋的影响。在风力的影响下，某些地区的冰雪会堆积加厚，这就使其他地区的冰雪相对减少变薄。夸那克靠近海岸。海水虽然大部分时间都处于冰冻状态，但是洋流给北冰洋带来的温度较高的海水还是使冰面偶尔会出现冰缝。

表层没结冰的海水虽然有热量散失，但是被冰层覆盖的其他海区则成了绝热地区。北极地区的海水温度常年在 29℉（−1.6℃）以上。低于这个温度时，海水密度达到最大值，海水下沉，流入该地区的温度较高的海水会升至海面。当空气温度低于海水表面温度时，水中的热量就会散失到空气中，产生暖气流在北极的冰上流动，因而北极地区的温度较高。如果北极冰层下面是大陆而不是海水的话，那么北极地区的温度绝不会是现在这个样子。北极地区有记载的最低温度是 −58℉（−50℃），大部分北极盆地地区的温度范围是介于 4℉ ~40℉（−20℃ ~40℃）之间。与此相反，在 1983 年 6 月 21 日，东方站的气温下降到 −128.6℉（−89.2℃）。

四

水汽的蒸发与凝结及其对
天气的影响

　　大气中的水分主要来自海洋、湖水和河水以及湿地，水分的多少对天气有直接的影响。这些水分到了空中后又以降水的形式回到地面。降水包括雨水、冰雹、雪、雾、霜和露水。水分在地表、海洋与大气之间的这种循环被称为水循环（如图13所示）。

　　参与循环的水分的数量是惊人的。每年有大约89×10^{15}加仑（336×10^{15}升）的海水被蒸发，而来自地表蒸发和植物蒸腾的水分则有17×10^{15}加仑（64×10^{15}升）之多。降水中有79×10^{15}加仑（300×10^{15}升）的水被海洋接收，陆地接收的降水量大约是26×10^{15}加仑（100×10^{15}升），其中大约有9.5×10^{15}加仑（36×10^{15}升）的水最后从陆地流回到海洋。

　　这么多的水其实也只占地球水资源的一小部分。地球上的水有97%是海水，剩下的3%中有一半以上是极地地区的冰层、冰盖和冰川等固态形式的水，有

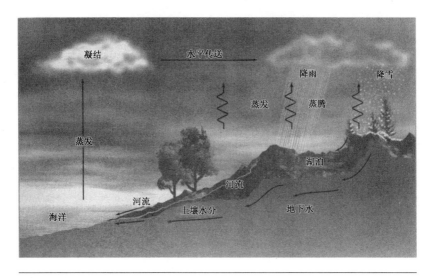

图中文字：
凝结　水平传送　降雨　降雪　蒸发　蒸腾　蒸发　湖泊　河流　河流　土壤水分　地下水　海洋

图13　水循环
海洋和地表水蒸发后通过植物的蒸腾作用进入大气，并以水蒸气或云的形式随气流做水平运动。水分以降水的形式回到地面并通过河流和地下水回到海洋。

0.5%被埋藏于地下，或是与矿物质成分在一起，或是因埋藏过深而不能被人类利用。空气和云层中的水分以及降水、湖水、河水和地下水的总量大约有4×10^{18}加仑（5×10^{18}升），只占地球水资源总量的0.005%。

　　尽管有时我们会觉得空气非常潮湿，但是空气中水的含量其实非常少。沙漠地区干燥的空气中几乎不含有任何水分。即便是在世界上最潮湿的热带地区，按体积计算，空气中水分的含量也不足4%。如果我们能对水循环某个时间段内水的数量及其位置有所了解的话，我们就可以知道水分子在水循环的每个环节里面运动的时间。我们知道水分子在海洋中的时间是4 000年，随着降水到达陆地后需要400年的时间才能到达地表。但在陆地和海洋之间，水循环需要的时间非常短。

水分子在大气层中的时间一般是10天。

水分子与氢键

任何运动都需要能量，为水循环提供能量的是太阳。一旦水分子开始运动，空气与水的物理特性便相互作用，影响我们的天气。

每个水分子都是由1个氧原子和2个氢原子组成，将3个原子联系在一起的是它们所共享的电子。2个氢原子与1个氧原子形成104.5°的键角。由于氧原子的电负性大，吸引电子的能力强，氢原子所携带的电子在氧原子一侧，水分子成为极性分子。氢原子带有正电而氧原子带有负电子。

在液态水中，水分子中带正电的氢离子与邻近水分子中带负电的氧离子相互吸引形成键结，叫做氢键。液态水就是由被氢键连在一起的短分子链组成的（水长时间搁置后分子链变长）。水分子处于不停的运动当中，速度随温度的升高而加快。水分子间的氢键不停地断开和重建。由于水分子彼此之间作用力小，分子自由地运动，具有流动性，所以水是无形的。这也是所有液体的特点。

打破氢键：蒸发

由于水体表面的水分子只受到来自四周和下方的其他水分子的推动，而在其上方并没有力作用于它，因此受力不均，分子间的联系很不稳定。如果此时吸收了更多的能量的话，水体表层的水分子会加速运动，导致氢键被打破，水分子被蒸发进入空气。

最先吸收到这些水分子的是位于水面上方的底层空气——边界层。边界层所能吸收的水分子数量是有极限的。如果边界层的温度比水体表面温度低的话，已经进入空气中的水分子就会因温度降低而失去能量。当它与另一个水分子相遇时，便迅速与其结合形成新的氢键。当越来越多的水分子进入边界层并超过其极限即水分子呈饱和状态时，水分子重新结合又形成水。如果边界层空气干燥的话，水分子仍然会留在空气中。产生这种现象的原因有两个：一是由于干燥空气中的水分子含量非常少，分子之间距离大不易形成氢键。二是由于干燥空气的温度高，水分子运动的速度快，这也不利于氢键的形成。当边界层的空气非常干燥时，水分子会立即进入并且穿其而过进入其上层的空气，随之散开。如此反复，进入空气中的水分子越来越多而水体中的水分子则越来越少，由此形成水的蒸发。

比热容

物质在吸收热量时温度会随之上升。温度每增加1度时物质所需的热量被称为比热容（也称热容量或特定热容量），用符号c表示。不同物质有不同的比热容。比热容的单位有两种：一种是焦耳每克每凯氏温度，写作$Jg^{-1}k^{-1}$，另一种是卡每克每摄氏度，写作$calg^{-1}℃^{-1}$。

温度对比热容有一定的影响，因此在引用比热容时需指出其温度变化的范围或是指明特定温度下物质的比热容。表2所列是特定温度下某些物质的比热容,采用的是两种单位。

表2　普通物质比热容

物　　质	温　　度		c	
	℃	℉	$Jg^{-1}K^{-1}$	$calg^{-1}℃^{-1}$
淡　水	15	59	4.19	1.00
海　水	17	62.6	3.93	0.94
冰	−21~−1	−5.8~30.2	2.0~2.1	0.48~0.50
干空气	20	68	1.006	0.240 3
玄武岩	20~100	68~212	0.84~1.00	0.20~0.24
花岗岩	20~100	68~212	0.80~0.84	0.19~0.20
大理石	18	64.4	0.88~0.92	0.21~0.22
石　英	0	32	0.73	0.17
沙　子	20~100	68~212	0.84	0.20

　　从列表中我们可以看出,普通物质中水的比热容最大。温度是为59℉(15℃)的1克水,在温度升高1.8℉(1℃)时,需要1卡(4.19焦耳)的热量。温度为62.6℉(15℃)的1克海水,在温度升高1.8℉(1℃)时,需要0.94卡(3.93焦耳)的热量。这一数量分别是冰和岩石所需热量的2倍和5倍。所以主要由岩石和沙土构成的陆地在白天和夏季时吸收热量的速度比海水快。这也就是为什么在夏天,当我们赤脚跑过沙滩时会觉得有些烫脚而湖水和海水却使人倍觉凉爽。到了冬季,情况刚好相反。由于湖水和海水在夏季时吸收的热量要经过很长的时间才会被释放掉,因而其温度比陆地温度要高。

　　水最重要的性质之一就是在吸收大量热量的同时温度可以保持不变。这一点对气候的影响非常明显。底层空气经过洋面时,受其温度影响,冬季温度升高,夏季温度降低。所以海洋性气候的温度范围要比大陆性气候的温度范围小。

潜热、绝热冷却与升温

水蒸发时,从液体变成气体会吸收热量。热量只为打破水分子之间的氢键提供能量并不会导致水温的上升。这种似乎隐形的热量被称为潜热(参见补充信息栏:潜热与露点)。

水在蒸发时所吸收的热量在水汽凝结成水时会被重新释放出来。随着温度的下降,水汽中的水分子释放出能量,运动速度降低,彼此连在一起的时间延长重新形成氢键。水汽变成了水。当空气中的水汽呈饱和状态时,在一定温度下,水汽凝结成水。这一温度被称为露点。相对湿度(RH)是指单位空气中水汽的质量和该空气达到饱和时含有水汽的质量比,写成百分数。如果空气中水汽的含量保持不变的话,RH会随着温度的上升而降低或随着温度下降而增加。

空气被迫上升时温度下降。当空气与温度较高的物体表面接触时会形成对流上升;空气通过高地时受抬升形成地形抬升;如果暖空气被迫沿冷空气上升则形成峰面抬升。不管周围的大气温度如何,上升中的空气温度呈下降趋势而下降中的空气则呈升高趋势。这种情况被称为绝热冷却和升温(参见补充信息栏:绝热冷却和升温)。受绝热冷却的影响,上升过程中的空气温度会下降。当温度降至露点以下时,水汽凝结成云。发生这一变化的大气高度被称为抬升凝结高度。凝结过程释放出潜热,相邻的空气受热继续上升,产生新的凝结。如此反复,最后形成积云和积雨云。

　　水以三种形态存在：气态（水蒸气）、液态（水）和固态（冰）。水以气态形式存在时，分子可以向各个方向自由运动。以液态形式存在时，分子形成分子链。水以固态形式存在时，分子形成紧密的圆形结构，中央留有一定的空间。水温冷却时，分子间距离缩小密度代表卡每克每摄氏度加大。在海平面气压条件下，纯水在39℉（4℃）时的密度最大。在这个温度以下，水分子开始形成冰晶。由于冰晶中心有一定的空间，因此冰的密度没有水大。在质量相同的条件下，冰的体积要大于水的体积。所以水在结成冰时体积增加并且漂浮在水面上。

　　分子依靠正负电子的吸引而链接在一起，要想打破这种链接，必须有足够的能量——潜热。分子吸收潜热打破链接时温度不会上升，在重新形成链接时分子释放出相同数量的潜热。在32℉(0℃)时将1克纯水（1克=0.035盎司）从液体变成气体需要600卡（2501焦耳）的热量。这一数值是蒸发潜热。当水汽凝结时，同样数量的潜热被释放出来。结冰或融化所需要的融化潜热是80 calg^{-1}（334 Jg^{-1}）。冰直接升华成水汽会吸收680 calg^{-1}（2 835 Jg^{-1}）的潜热，是融化潜热和蒸发潜热的总和。水汽直接变成冰的凝华过程则释放出等量的潜热。潜热受温度影响很大，因此在引用潜热值时应指明其温度值。我们在这里一律使用32℉（0℃）。

潜热的来源是周围的空气和水。当冰融化或水蒸发时，周围的空气失去能量温度下降。这就是为什么冰雪融化时天气会变冷而我们人在汗水干了的时候会觉得凉快。

空气上升过程中温度下降，水汽凝结释放出潜热使周围空气继续受热上升。这一过程导致带来暴雨的云层的形成。

暖空气比冷空气蕴含的水分子量多。当气流冷却时，其中的水汽会凝结成液体小水珠。导致这一变化的温度被称为露点。当温度降到露点时，物体表面就会有露水出现。

温度达到露点时，空气中的水汽呈饱和状态。空气达到饱和状态时所含有的水汽质量为相对湿度（RH），写成百分数。

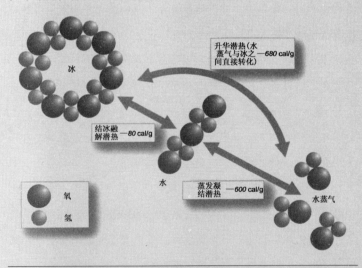

图14 潜热
当水在气态、液态或固态之间转化时，氢键被不断地断开和重建并释放和吸收潜热。

补充信息栏 绝热冷却与升温

底层空气总是承受着来自上层空气的压力。我们用气球来举个例子。这是一只被吹起了一半的气球。由于气球是用绝热材料制成的，因此不管气球外面的温度如何变化，气球内部始终是恒温的。

现在气球升入空中。假设气球内部空气的密度小于气球上方的空气密度，气球一路上升。受上方空气压力和下方高密度大气的联合影响，气球内部的空气不断受到挤压，但是气球最终还是升到了高空。

随着高度的增加，气球距离大气顶层的距离越来越短，气球上方的空气越来越少，对气球产生的压力也随之减小，同时由于空气密度越来越小，来自底层空气的压力也在减小。气球内的空气开始膨胀。

当气体膨胀时，其分子间的距离会加大，也就是说虽然分子的数量没有增加但占据的空间变大了。所以分子间会不断冲撞以使其他分子为自己让路，这就要消耗掉一部分的能量。所以气体膨胀过程中会有能量的丢失，而能量的减少又减缓了分子运动的速度。当运动着的分子撞击到其他分子时，有一部分动能会被受撞击的分子吸收并转化成热量。受撞击的分子温度会随之增加，增加的幅度与撞击它的分子的数量和速度有关。

随着气球膨胀程度的增加，分子间的距离越来越大，所以每

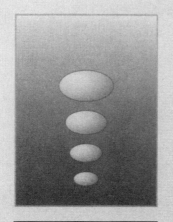

图15　绝热冷却与升温
气压对上升和下降空气的影响。空气上升到密度小的区域时膨胀，下降到密度大的区域时收缩。

次只有少量的分子相互撞击，并且由于分子运动速度下降，撞击的力度也在减少空气温度的下降。

当气球内部的空气密度大于外部空气时气球开始下降。气球上方的压力逐渐加大，气球收缩变小。气球内部的空气分子获得更多的能量后温度开始回升。

通过以上的分析我们看出气球内部空气温度的上升和下降与气球外部的空气无关。空气的这种升温和降温方式被称为绝热冷却和升温。

位温

事情总有相互矛盾的时候。空气的运动变化也不例外。流体冷却时，它的分子间距离会缩小，密度加大。当上升过程中的流体，如空气，温度下降时，其密度也应该加大，因此不可能越过其上层密度轻的流体。在整个对流层中，大气的温度随着高度的增加而降低，因此位于对流层顶的空气密度比其下方的空气密度大。那么为什么最顶层的空气没有因此而下沉到对流层底呢？这一问题的答案与位温有关。位温不是指真正的大气温度而是指当空气气压下降为海平面气压时，按绝热变化所达到的温度（参见补充信息栏：位温）。

补充信息栏 位 温

由于冷空气分子间的距离小，因此其密度大于热空气。一定体积的冷空气的质量和密度都大于同体积的热空气。受下方冷空气的抬升作用，密度较小的热空气上升至冷空气的上方。

空气温度随高度的增加而下降，所以山顶的温度比山下低。某些高山的山顶终年积雪不化，即使是在夏季，登山者也要穿上厚重的衣服才行。那么是什么原因使处于山顶或对流层顶的冷空气没有下沉到地面呢？

在回答这个问题之前，我们先想象一下如果这些密度大、温度低的空气下沉到地面后情况会如何。假设天空无云，空气干燥，海平面温度为80°F（27℃），高空33 000英尺（10千米）处的对流层顶的温度是-65°F（-54℃）。由于温度和高度的影响，对流层顶的空气密度大于其下方的空气。

如果这样的空气下沉到海平面高度的话，在其下降过程中空气会受到挤压并产生绝热升温（参见补充信息栏：绝热冷却与升温）。由于空气非常干燥，其干绝热温度直减率（DALR）为5.4°F每1 000英尺（9.8℃每千米）。当空气下降3.3万英尺（10千米）时，其温度会增加5.4×33=178.2°F（98℃）。与其在对流层顶时的温度相加，则当空气下沉到地面时它的温度是178.2−65＝113.2℉（44℃），远远高于海平面高度的80℉（27℃）。所以下降过程中温度的升高使空气密度变小，质量少于它下面的空气，因而高空中的空气不可能真的下沉到地面。

位温是空中的空气块下降到海平面气压（即1 000毫巴、100千帕或29毫米汞柱）时按绝热变化所达到的温度，用希腊字母 Φ 表示。位温只受空气温度和气压的影响。天气学家们用位温来测定大气的稳定度。

水汽的蒸发与凝结为地球输送着水分。没有这一过程，地球上就不会有降水等活动，也就不会有生命的存在。这一过程中产生的云层和潜热的释放与吸收都对局部地区的温度有着显著的影响（参见"地球在太空中有多亮"）。

湿气团的运动既传送热量也传送水分。从温度较高地区所蒸发的水分被运送到温度较低的地区后凝结成云，释放出潜热。热量与水分这种传送方式既降低了热带地区的酷热又缓解了寒冷地区的低温。

水分的多少直接影响着我们的天气乃至气候，气候的变化无疑又影响水分的多少——过于干旱或过于潮湿的气候都会对地球产生巨大的影响。

五

如何研究地球各个历史时期的气候

揭秘历史

气候一直在发生着变化,但是速度却相当缓慢。即便是人们所担心的会对气候产生重大影响的全球变暖这一问题,其衡量的标准也只不过是温度在一百年里的变化而已。这比人的一生还长。今天的气候与我们爷爷们所生活的那个年代的气候相比可能相差无几。所以对气候进行研究并发现其中的变化是非常困难的。

要想对气候变化进行研究,唯一的方法就是把现有的气候变化与过去的气候变化进行对比。但这又给我们出了另一个难题。有关气候变化的历史记录既少得可怜又相隔久远,并且大多是关于几个分布较为分散的个别地区的记录。其中有关北美和欧洲部分地区的气候变化的资料较多,有关亚洲和非洲的记录则非常少,至于那些远离海上主航线的地区根本就没有任何资料可供参考。更糟糕的是,这些来自不同地区和历史时期的资料所使用的测量标准也不统一。记录中所使用的测量工具、测量形式甚至数据的读取时间等也不相同,因而很难将其中一个地区的资料与其他地区进行对比。依靠这些记录对某个地区的气候变化进行研究都很难,更别提研究全球规模的气候变化了。

很明显,我们几乎找不到有关几千年前的气候变化情况的任何记载。即使有也只提供了最近几百年的气候情况,这其中有关19或17世纪的气候情况的记载也许有些价值。更早时期的气候情况的记载几乎为零,或者只不过是一些关于大暴雨或严重旱灾等极端天气情况的记录,既非典型也没什么帮助。然而这些缺失的记录对于人类研究气候变化的过程却又是至关重要的。怎样才能获得其他更可靠的信息呢? 研究古代或史前时代气候变化的古气象学家们借助替代性考核来揭示气候变化的各个细节。这种方法不直接测量温度或降水的情况而是对那些受天气影响的事物进行研究,由此反演出当时的气候状况。

树木的年轮

树木的年轮是最好的替代性数据来源。每棵树的树干和枝条都会逐年长粗变长,人们称之为次生长。次生长的原因是在树皮和木质之间有一层细胞。这层细胞整整齐齐围成一个圈,又不断分裂出新细胞来。年复一年,树木便会越长越粗壮。这层细胞叫形成层。春夏两季,树木生长迅速,这时形成层分裂出许许多多新的细胞。这些细胞个儿大,形成的木质疏松,颜色也较浅。进入秋天,天气由暖变冷,雨水相应减少。这时形成层分裂细胞的速度减慢,细胞个儿小,颜色很深,质地细密。由于木质的疏密不同、颜色的深浅不同,就形成了一圈清晰的年轮。

年轮学就是通过数年轮的方法为树木确定年龄的科学。测定一棵生长中的树的年龄的方法是:用电钻在树的背阴处钻一个孔直到树干中央,取出树芯后将其放在显微镜下进行观察。世界上最长寿的树是狐尾松,生长在美国加利福尼亚州和内华达州。这些树通常生长在海拔7 500英尺(2 300米)以上的地区。有些树可能活了三千多年,其中有一棵据说有4 900年的历史了。如果把同一地区已经死亡的狐尾松的年轮和生长中的狐尾松的年轮进行对比的话,人们就可以了解到该地区8 200年以来的气候情况。

当然并不是所有的树都会这么长寿。但即便是在树木死之后,其树干也可以被保存几百年。这就为人类研究气候变化提供了有用的信息。与其他植物一样,树木的生长也受天气的影响,这一点在年轮上就可以被反映出来。如果天气状况很糟的话,树木几乎会停止生长;而天气状况适宜时,树木的生长也会加快。从生长中的树上取出树芯后,人们可以将其上面的年轮与最近的天气记录进行对比,从而了解年轮的生长情况以及天气情况。将这些信息再与已死亡很久的树木的年轮进行对比后,人们就可以知道每一年的天气状况如何了。

放射性碳年代测定法

对于生长中的树木来说,科学家们通过其年轮可以判定它们的生长时间以及当时的天气状况。但对已经死亡的树来说，我们又该如何通过年轮来了解其生长时间以及当时的天气状况呢？解决这一问题的第一步就是用放射性碳年代测定法找出树木的死亡时间。

地球经常会受到来自宇宙射线的攻击，这些射线中包括不带电的中子。有些中子会攻击大气层中的氮原子。氮原子核中有7个质子，原子量是14，因此经常被写作 $^{14}_{7}N$。当中子攻击氮原子时，氮原子核失去一个电子，获得一个中子，成为碳的一种不稳定结构 $^{14}_{6}C$，并渐渐衰变成碳的稳定结构 $^{12}_{6}C$，其半衰期为 5 730 ± 30 年。半衰期是指某种物质由开始时的数量到剩下其一半的所需时间。这两种碳的同位素经常被写为 ^{14}C，或碳-14以及 ^{12}C 或碳-12。

地球上的所有生物都吸收这两种同位素，所以 ^{14}C ： ^{12}C 在动植物组织中所占的比率与其在大气层中所占的比率是一致的。生物体死亡后便不再吸收碳，但它的 ^{14}C 继续衰变为 ^{12}C，从而改变了生物组织中 ^{14}C ： ^{12}C 的比率。科学家们将动植物样本中的放射性碳的含量与目前大气中的含量相对比就可以推算出它们死亡的时间。这种方法被称为放射性碳年代测定法，其测定范围可达70万年。

使用放射性碳年代测定法的前提是假设 ^{14}C ： ^{12}C 的比率是稳定不变的，但最近科学家们在对狐尾松的年龄进行测定时发现事实并非如此。他们在对狐尾松测量时得出的数据表明，人们应该对放射性碳年代测定法进行修正，尤其在测定过去 8 000 年里的样品时。通过测量狐尾松中的 ^{14}C ： ^{12}C 的比率并运用年轮学对其年龄进行判定后，科学家们还计算了 ^{14}C 在那段时间里的衰变量，这些方法使人们对当年大气中 ^{14}C ： ^{12}C 的比率有了了解，为科学家们修正放射性碳年代测定法提供了借鉴。

花粉与甲虫

古树可能不是随处可见，但花粉则无处不在，尤其在沼泽地区。花粉粒存活的时间非常短——对草籽来说可能只有几小时，但它们坚硬的外衣——外孢壁则可以存在上千年。不同花粉粒的外孢壁的形状和大小都不一样，各有特点。花粉专家就是专门对这些花粉的属类、物种以及产出这些花粉的植物进行鉴别的专家。

科学家所提取的泥土样本中可能含有多种植物的花粉，对此人们首先要用放射性碳年代测定法或其他方法确定样品的年代，然后花粉专家会提供一份该地区在这段时间内可能生长的植物的清单。一旦科学家们判明了该地区生长植物的种类，他们就可以借此了解该地区过去的天气和环境状况。比如松树、云杉、冷杉、桦树和白杨是横贯加拿大的森林中最典型的树木。如果人们在相当大的范围内找到了含有这些树种花粉的泥土，那就表明这一地区过去的气候状况与目前该森林地区的气候相似。

甲虫也可以帮助人们了解气候变化。它们似乎无处不在，模样也差不多，但其实许多甲虫只生活在某些特定的环境里，因为它们对温度的变化很敏感。甲虫的生命并不长，但它们的翅鞘由于材质特殊可以被埋在土里多年之后仍保持原样。这点与花粉的外孢壁很相似。人们通过翅鞘可以识别出甲虫的种类，并由此判断当时该地区的温度范围。

海底沉积物

另一种了解气候变化的方法是对覆盖海底的厚厚沉积物进行研

究。这些沉积物被称为软泥,大部分是由被称为有孔虫类的微生物的外壳组成的。这些生物生活在软泥的表面或贴近软泥的水层中。科学家们通过分析由外壳变成的化石就可以判别出这些生物的种类。由于每种生物只在一定的水温条件下生活,因此这些生物最能反映当时该海区的温度情况。

海底沉积物是在漫长的历史过程中逐层堆积形成的。如果将钻头垂直钻入软泥并从软泥芯中取出样本的话,古气象学家们就可以对几万年前的海水温度变化进行推算。由于沉积物的沉积速度是一定的,因而通过计算这些软泥芯到软泥表面的距离,人们就可以推算出该样本的历史。

冰芯

从覆盖格陵兰岛和南极大陆的冰原中取出的冰芯可以被用来测定冰原的"年龄"(参见补充信息栏:前苏联南极考察站东方站,格陵兰岛冰原计划与格陵兰岛冰芯计划)。和你自己做冰块时的情形完全不同,极地冰原是由被压得很结实的雪形成的而不是水被冰冻后形成的。由于温度极低,降雪在这里不能融化,因而雪被一层一层地垒积起来。下层的雪受到上面雪层压力的影响,不断地被压实、压紧。如此反复,最终形成大面积的冰原。与年轮一样,从冰原中取出的冰芯也可以标明冰原的年龄。尽管冰芯不像年轮那样可靠和清晰,难以从中推断出具体的年份,但人们大致推算出目前采集到的冰芯样本的历史大约是20万年左右。

冰芯中还含有与降雪一起到达地面的尘埃。这些尘埃来自各个大陆,受劲风影响被吹到这里。在到达冰原地区前,降雨可以使一部分尘埃降回到地面。所以冰芯样本中尘埃的多少可以说明过去某个特定时期的降水情况,尤其是一些高纬度地区的降水情况。冰芯含有尘埃较多,说明其形成期的气候较为干旱,地表水分蒸发较少,空中云层难以产生降水。尘埃在从大陆向极地地区飘移时没有被降雨带回地面而是直到南极上空后才随同降雪到达地面。尘埃较多还表明当时的气候较为寒冷。如果冰芯样品中尘埃含量少,证明其形成期的气候较为温暖湿润。

冰芯中还可能含有孢子和花粉等物质,有时也含有火山喷发时所喷出的各种气体。冰芯中所携带的这些"不纯"物质可以帮助科学家们对很久以前地球的多种情况进行汇编。

由于新雪较为松散,所以雪花之间有空气存在。雪被挤压成冰后,这些空气形成极微小的气泡。在严格控制的条件下将冰融化后,这些气泡中的空气可以被抽取出来供人们对其进行分析。气象专家尤其对其中影响大气温度的二氧化碳、甲烷等温室气体的含量感兴趣。

补充信息栏 前苏联南极考察站东方站,
格陵兰岛冰原计划与格陵兰岛冰芯计划

东方站(Vostok)是前苏联于 1957 年 12 月 6 日在南极设立的考察站。该站位于南纬 78.46°和东经 106.87°,海拔高度为 11 401 英尺(3 475 米)的南极大陆东部的冰原

上。1980 年东方站在其附近海拔 11 444 英尺（3 488 米）
的冰原上开始钻取冰芯。1985 年，钻探深度达到 7 225 英
尺（2 202 米）后，因无法再进一步深入而放弃。与此同
时，前苏联还于 1984 年开始在冰原的另一处钻取冰芯，并
于 1989 年与美、法两国联合对其进行钻探考察。1990 年
钻探深度最终推进到 8 353 英尺（2 546 米）。此后三国又

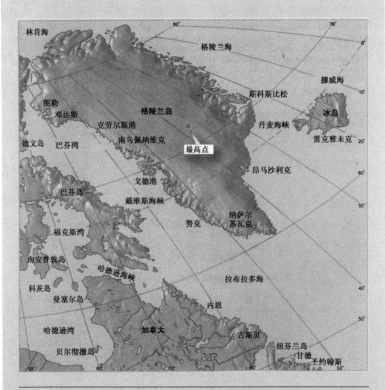

图16　格陵兰岛最高点也是格陵兰岛冰原的最高点，是GISP和GRIP的项目地址。

在 1990 年联合钻探第三个冰洞，并在 1998 年成功将钻头打入冰原下 11 887 英尺（3 623 米）的地方。

东方站三次钻探所取得的冰芯记录了地球在过去 42 万年里的气候变化。目前科学家们正在对其进行研究并已经分析出过去 20 万年里的气候变化情况。

格陵兰岛冰原计划（简称 GISP）是由美国国家科学基金会（NSF）资助并由美国主持的考察项目。其目的在于从格陵兰岛的冰原中钻取冰芯。第一块冰芯取自地下 9 843 英尺（3 000 米）的深度。1988 年 NSF 极地项目办公室批准该项目开掘第二块冰芯 GISP2。该项目于 1993 年 6 月 1 日在钻探到地层岩床以下 5 英尺（1.55 米）后宣布结束。GISP2 冰芯有 20 万年的历史，长度达到了 10 018.34 英尺（3 053.44 米）。目前对该冰芯的分析已经揭示了地球过去 11 万年里的气候变化情况。

格陵兰岛冰芯计划（GRIP）是由欧洲科学基金会组织的项目，并得到了来自欧盟、比利时、丹麦、法国、德国、冰岛、意大利、瑞士和英国等国家的资助。该项目于 1989 年 1 月开始钻探，在 1992 年 8 月 12 日钻探到冰原下 9 938 英尺（3 029 米）后到达地层岩床，冰芯的历史为 20 万年。

GISP2 和 GRIP 冰芯都是在位于北纬 72.6° 和西经 35.5° 的格陵兰岛冰原最高处开钻取得的，其目的是为了能获得尽可能长的冰芯样品。我们在地图上可以找到该处地点。

氧同位素与"重水"

冰芯中的水分子和软泥中的化石除了能帮助人们对过去的气候状况有所了解外,还为科学家们提供了另一条重要的信息:它们当中分别含有两种不同的氧和氢。

大多数的化学元素都有两个或两个以上同位素。同一种化学元素的同位素的化学性质是相同的,但原子量不同。氧有三个同位素,其中^{16}O和^{18}O较为重要。海水分子中有99.76%是$H_2^{16}O$, 0.2%是$H_2^{18}O$, 0.03%是HOD,即"重水",剩下的是含有氧的第三个同位素的$H_2^{17}O$。重水是一氧化氘,氘原子代替了海水分子中的一个氢原子。氢原子核中只有一个质子而氘原子核中含有一个质子和一个中子,因而其质量大于氢原子,所以被称为重水。

当海水蒸发时,由于$H_2^{16}O$的质量较轻,因而进入大气中的$H_2^{16}O$要比$H_2^{18}O$或HOD多,海水中的$H_2^{16}O$数量逐渐减少。由于质量的关系,空中的$H_2^{18}O$和HOD形成降水时,其下降速度比$H_2^{16}O$快。大部分的雨雪到达地表后最终会回到海洋,但极地地区的降雪则形成留在了陆地上,由此进一步减少了海洋中$H_2^{16}O$的数量。只有当冰原融化时,这些$H_2^{16}O$才会重新回到海洋,海洋中各种水分子之间原有的平衡才能恢复。

冰芯样本中的冰可以揭示海水中$H_2^{16}O$, $H_2^{18}O$和HDO的比例。这不仅可以使科学家们了解历史上冰原的规模,还可以使他们了解冰原形成时的气候情况。海水蒸发速度的快慢主要受温度的影响。温度高时,更多的$H_2^{18}O$和HDO会被蒸发至空中。由于极地冰原多是由中纬度地区的海水蒸发形成的,因而冰芯中含有的各种海水比例能证明当时中纬度地区的气候情况。当冰芯中含有的$H_2^{18}O$和HDO两种水分子的数量较多时，证明当时中纬度地区的天气较为温暖；如果冰芯中含有较多的$H_2^{16}O$，则证明当时中纬度地区的天气较寒冷。

来自海底的碳酸盐

海底软泥中生物化石也记录了水中氧同位素的变化。软泥由碳酸盐组成。碳酸盐在海水中以重碳酸盐HCO_3的形式存在，其形成过程是：大气中的二氧化碳在水中溶解形成碳酸，即$CO_2+H_2 \rightarrow H_2CO_3$；然后碳酸分解，即$H_2CO_3 \rightarrow HCO_3+H$。$CaCO_3$分子中的一个氧原子来自海水分子，所以软泥中一定数量的$CaCO_3$可以反映其形成期海水中^{16}O：^{18}O的比率。如果^{18}O的含量较高，那就证明极地地区的冰层在加厚，减少了水中的^{16}O；而^{18}O的含量下降则表明极地地区的冰层在融化。

运用目前的科学技术，古气候学家们研究了地球几万年来的气候变化并希望能将这一变化过程如实地记录下来。它将有助于人们将现在和过去的气候进行对比，并能使气候专家们对地球未来的气候情况做出尽可能准确的预测。

六

改变地球历史的气候变化

放射性碳年代测定法只适用于对一些含碳的生物体进行测试,并且测试的范围在4万年之内。这是因为4万年刚好是^{14}C的7.5个半衰期。超过这个范围,生物体中含有的原^{14}C物质剩不到1%。这么少的含量无法使人们准确地对其进行测定。即便可以测定,人们也无法确切了解很久以前大气层中^{12}C和^{14}C所占的比例是否与今天相同,测定结果也就失去了其科学意义。

那么对于那些已经有几百万年历史的样本来说,人们又该如何测定其年龄呢? 答案是利用放射性同位素测年法。这种方法不仅可以测定很久以前物质的年龄,同时还可以被用来测定岩石等非生物体。

放射性同位素测年法

与放射性碳年代测定法一样,放射性同位素测年法也是要测定样品中放射性元素和它衰变后形成的稳定性元素的比例。铷有两个同位素，其中一个同位素（^{87}Rb）衰变成锶的同位素（^{87}Sr）的时间需要480亿年（相当于太阳系年龄的10倍）；放射性钾的同位素（^{40}K）衰变成氩的同位素（^{40}Ar）需要12.77亿年。目前应用最广泛的测年法是测定铀(U)和钍(Th)的衰变。在铀的几个同位素中，最重的有两个：^{235}U和^{238}U，而钍的最稳定的同位素是^{232}Th。铀和钍的同位素最后都衰变成铅（Pb）的不同的同位素，但速度不同：^{235}U衰变为^{207}Pb需要7.04亿年；^{238}U衰变为^{206}Pb需要44.68亿年；^{232}Th衰变为^{208}Pb约需140.5亿年。铅的另一个同位素^{204}Pb不是这些衰变的最终产品。它在地球形成之初就已经存在了。

样品中铅的各种同位素所占比例以及钍和铀的同位素的数量可以最终决定样品的年龄。

了解石笋

渗透到地下的雨水通常呈酸性。这是由于溶解在水里的二氧化碳变成碳酸的缘故。如果地下岩石是石灰岩的话，雨水中的酸会不断对其溶蚀，于是有空洞形成并逐渐扩大，最后形成溶洞。当地下水位低于溶洞底部时，洞内会逐渐干燥起来。

从溶洞顶部滴渗下来的水中均含有矿物质。受洞内干燥空气的影响，水中的矿物质在水汽蒸发后形成沉积物悬挂在洞穴顶端。随着时间的流逝，这些沉积物越积越多，最终形成冰柱样的东西悬挂在洞顶，成为钟乳石。顺着这些钟乳石滴落到洞穴地面的水蒸发后留下的矿物质在地面沉积,形成圆锥形的隆起,成为石笋(也称石钟乳)。

　　渗透到地下的雨水有时多,有时少。这些变化在石笋上会形成节。粗大的节代表降雨多的年份,而细小的节则代表降雨少的年代。节的粗细还能代表石笋的形成速度。美国新墨西哥州大学的维克多·波利亚特和雅梅恩·阿斯墨罗姆用铀—钍放射性同位素测年法对来自美国新墨西哥州的卡尔斯巴溶洞和瓜达鲁沛山国家公园溶洞的石笋进行了测定,并对新墨西哥州过去4 000年里的气候变化进行了统计。他们在这些石笋上发现了气候变化与当地居民生活方式之间的联系,并找到了气候能改变人类历史的证据。

　　研究表明,在4 000年前,该地区的气候远比现在多雨湿润。这种状况差不多持续了1 000年。之后降雨逐渐减少,但仍然要比现在的气候湿润。差不多到了八百多年前,气候开始变得干燥起来,并一直延续到现在。

古印第安人的安纳沙兹部落

　　居住在美国新墨西哥州和亚利桑那州的普韦布洛社区的印第安人的祖先在大约公元前2 000年左右来到卡尔斯巴溶洞地区居住。在此后1 000年左右的时间里,他们从靠采食野果和狩猎为生的游牧民变成了依靠种地为生的定居民。他们的手工制作非常发达,能生产出各种精美的陶器、装饰品和各种工具。他们还掌握了先进的织布技术。这些人被称为安纳沙兹人,在纳瓦霍族语里的意思是"古人"或"敌人的祖先"。

　　最初,安纳沙兹人住在他们自己挖掘的地下建筑里面。这种建筑被称为"pithouse"。差不多在750年左右,他们开始在地上居住。这恰恰证明了人们在石笋上的发现：那段时间正是降水增多天气极潮湿的时候。那么是不是因为他们的住所经常受到水淹才使他们迁居地上的呢？考古学家们还发现，这段时间里他们的人口开始增加，并且开始种植玉米和棉花。这又是证明天气变化的一个实例。安纳沙兹人最早种植玉米是在公元前1 000年左右，那时天气还算湿润。差不多在300~700年之间，降水开始减少，气候变得干燥起来。就是在这段时间里安纳沙兹人开始种植棉花并制造陶器。到了13世纪，天气更为干旱。因为人们发现石笋已经完全停止了生长。此时的安纳沙兹人只好放弃原来的居住地，沿着大河水道迁往几千千米以外的亚利桑那州北部和新墨西哥州西部地区。

早在波利亚特和阿墨罗姆之前，人们就已经知道了13世纪的天气状况，因为干旱天气使树木的年轮生长也受到了影响。但是科学家们一直有一个疑问：这种干旱本身是否足以使安纳沙兹人的生活发生如此巨变。因为每一个历史事件的背后都有着多种因素存在。考古学家们认为也许在干旱发生的同时，安纳沙兹人还经历了一次较大的动荡甚至有可能是一次部落内的战争。

不管安纳沙兹人最后的命运如何，它至少证明了气候对人类历史和文明的影响，并且这种影响伴随了人类文明的各个阶段。

动植物驯养

大约在1.2万年前，最近的一次冰川期终于即将结束，冰原和高山冰川开始后退，气候逐渐变暖，气温回升。在现在的伊拉克、伊朗、叙利亚和土耳其交界处的扎格罗斯山区，居住着依然靠狩猎为生的洞穴居民。他们的狩猎对象以绵羊和山羊为主。考古学家们发现他们已经驯养了大批的绵羊，绵羊成为当时主要的食物来源。

我们在图17上看到的就是扎格罗斯山以及土耳其的托罗斯山和东南托罗斯山的地形。阴影部分代表山地，地图上还标注了一些主要的城市。

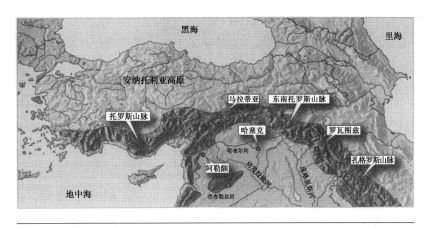

图17　扎格罗斯山与托罗斯山和新月沃土

随着气候的转暖和扎格罗斯山冰川的后退，植物开始向海拔较高的地区生长。这其中包括早期的小麦和大麦。人们已经不再过穴居生活而是在山脚下定居下来。

在位于扎格罗斯山以南和以西的底格里斯河和幼发拉底河之间的美索不达米亚平原上，农业生产逐渐发展起来。人们开始种植小麦和大麦；饲养的牲畜除绵羊外包括山羊和猪；人们甚至开始驯养狗。因为从图17上看这里很像新月的形状，因此被称为新月沃土。

冰川期过后，气温升高降水增加。公元前5 000年至公元前3 000

年,欧洲地区的气候要比现在高出 3.6℉（2℃）。非洲埃及的尼罗河河谷及印度西北部的印度河河谷都已经有了发达的农业生产。又过了一段时间,随着自西向东为中纬度地区带来降水的低温带的北移,气温开始下降,气候变得干燥。受其影响,阿拉伯、阿富汗、埃及和中亚地区的草场面积及农作物种植面积明显减少。只在一些受高山冰雪融化影响的大河河谷地区才有足够的水资源维持农业生产和牲畜饲养。人口大量涌入这里,为了解决他们的衣食住行,城市逐渐发展起来。也有一种观点认为,在这些来自干旱地区的难民中,有一部分沦为奴隶,并成为该地区发展的最主要的劳动力。在他们的劳作下,当地文明逐渐繁荣发达起来,城市开始出现。

不管出于哪一种原因,美索布达米亚平原和埃及的气候逐渐变得干燥而凉爽,世界上最早的城市出现了。这是人类对气候变化做出的一种反映。城市及城市生活为现代西方文明的发展奠定了基石。

印度河河谷的文明

气候变化对人类文明的影响是一把双刃剑,它既可以使一种文化兴起繁荣,同样也可以将一种文化摧毁消灭。位于巴基斯坦的印度河河谷文明就是一个极好的例证。在公元前 2 500 年至公元前 1 700 年之间,这里曾经有过极度的繁荣和兴旺。人们种植小麦、大麦、豌豆、芝麻、枣树、甜瓜甚至棉花。考古学家们在这里发现了世界上最早种植棉花的一些证据。这里还生活着各种各样的动物,包括大象、犀牛和野牛等。当时的人们已经知道如何驯养大象并能做出各种象牙制品。猫和狗已经被当做宠物来喂养。此外他们还有猪、马、驴和骆驼等各种牲畜。

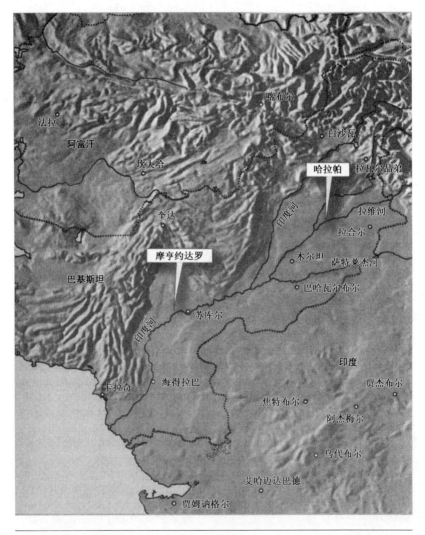

图18 印度河河谷文明的摇篮——摩亨约达罗和哈拉帕

在当时,印度河河谷文明包括一百多个城市和村庄,其中主要以北方的摩亨约达罗和南方的哈拉帕为中心。我们在地图上已标出它们的大致位置。这两个城市均占地1平方英里(2.59平方千米),城市四周的长度加起来有3英里(4.8千米)之多。在其鼎盛时期,印度河河谷文明的面积超过美索布达米亚平原和尼罗河河谷的相加之和。从今天的德里到卡拉奇以西300英里(480千米)的阿拉伯海地区在当时都受到它的影响。商品贸易高度发达,黄金、白银、铜、天青石、绿松石等出口到各个地区。

印度河河谷文明一直持续到公元前1900年左右,之后逐渐衰落。到公元前1700年左右,受气候的影响衰落的速度加快。此时,印度河河谷地区气候变得非常干燥,偶有季风带来的降雨又使摩亨约达罗地区洪涝成灾。到了公元前1500年,摩亨约达罗被来自欧洲的雅利安人攻占,印度河河谷文明结束。入侵者最终也因缺水很快离开了这里。公元前330—323年,当马其顿王国的亚历山大大帝来到此处时,曾经是农作物丰产、文明高度发达的印度河河谷已是一片贫瘠,景象干旱而荒凉,变成了今天塔尔沙漠的一部分。

走出中亚大草原

中亚地区因草场辽阔素有大草原之称。历史上生活在这一地区的人们赶着牲畜一年四季从一个草场迁徙到另一个草场,过着田园牧歌似的游牧生活。受草原性气候的影响,这里天气干燥,干旱时常发生,这使人们难以完全依赖农作物为生。而偶尔的一两次旱灾对于游牧生活却不会产生太过严重的影响。所以今天仍有许多的蒙古人过着半游牧、半定居的生活。

干旱的天气不仅影响着这里的生活方式,也影响着这里的历史进程。公元300年发生在中亚和西亚的一次大旱使匈奴人离开了这里。他们向西出发寻找食物和水源。当他们到达今天乌克兰境内的第聂伯河的时候,遇上了强大的罗马帝国的军队。强悍的匈奴人最终战胜了罗马人,建立了强大的匈奴帝国,统治着今天欧洲东南部和中部地区。他们的大汗阿提拉史称"上帝之鞭"。从公元434年起,阿提拉统治着从阿尔卑斯山到波罗的海和里海之间的广大地区。阿提拉据说是在睡梦中死去的。在他死后,帝国由他的儿子们分而治之,势力逐渐衰退。然而到公元500年,蒙古大草原又因干旱而再次掀起战争。

蒙古帝国

在13世纪,蒙古人建立了世界上最强大的帝国——蒙古帝国,但是这个故事的开始却要追溯到很久以前。那时雨水充沛,气候湿润。里海早期的海岸线显示当时的水位要远远高出现在,并且一直呈上升趋势。这说明当时的气候湿润多雨。受此影响,草原上的牧草丰腴,人口增加,一片生机勃勃的景象。然而天有不测风云,1200年左右气候突变。北极地区的冷空气南下,中亚地区变得干燥而寒冷。中国那时也受到这种气候变化的影响,出现了长期的低温天气。冷空气还一路向西导致西欧地区出现小冰川期(参见"小冰川期")。

随着干旱天气的来临,草原面积越来越小,人们不得不挤在有限的几片草场上。为了争夺草地和权利，各个部落之间发生了激烈的战争。有些部落损失惨重，有些甚至所剩无几。为了生存下去，人们组成了部落联盟用以对抗共同的敌人。1206年，铁木真，也就是我们所说的成吉思汗，被推选为其中一个部落联盟的首领。凭借非凡的领导才能和军事才能，铁木真将被打得落花流水的各个部落组织起来变成了一支强悍的军队。他们打败了其他的部落，包括住在贝加尔湖以南的对手塔塔尔人。此后铁木真将其统治下的蒙古各部带入了封建社会。

铁木真并不满足于在蒙古草原上的统治。他不断率军出击，扩展疆土，最终建立了强大的蒙古帝国。在他死后的1215年，蒙古人攻占了北京。至此，蒙古帝国的版图从里海一直延伸至中国海。此后，俄罗斯南部的草原地区也被纳入蒙古帝国的版图。蒙古人在那里建立了金帐汗国，它是蒙古帝国的国中之国。到1300年，第聂伯河地区、现在的立陶宛共和国和喜马拉雅山地区都处在蒙古帝国的统治之下。蒙古帝国成为当时世界上疆土最辽阔的国家。成吉思汗的孙子忽必烈（1215—1294）也被认为是中国历史上最伟大的君王之一。成吉思汗的另一个孙子巴布尔（1483—1530）后来征服了印度，在印度创建蒙兀儿帝国，成为印度历史上的第一个蒙古皇帝。此后蒙古帝国逐渐衰败，到了18世纪终于彻底退出了人们的视线。

高棉帝国

影响蒙古草原和中国的冷空气也波及了南亚地区，并在此形成了相对稳定的反气旋高压区，范围包括今天的泰国、柬埔寨、老挝和越南。

受当时干燥气候的影响,在这片原本是热带雨林的土地上出现了一个重要的王朝——高棉帝国。高棉文化在1200年时达到顶峰。1300年之后,气候又开始变得潮湿闷热,一切都淹没在茂密的丛林之中,高棉帝国消失。

高棉帝国创立于6世纪,8世纪时分裂成诸个小国,在9世纪初重新被贾亚巴尔曼二世统一。他的继任者苏利亚瓦尔曼二世在889年到900年之间建都吴哥。此后历代国王不断对吴哥进行扩建。高棉艺术体现了印度教和佛教的影响,这两种宗教在高棉受到同样尊重。苏利亚瓦尔曼二世修建了著名的神庙——吴哥窟。该神庙直到他死后的1150年才完工。贾亚巴尔曼七世在1200年修建了神庙大吴哥城,作为献给印度教保护神毗湿奴的礼物。吴哥窟是世界上最大的宗教建筑群。1992年,联合国教科文组织将吴哥窟定为世界文化遗产,并将其列入受保护名单。

高棉帝国以发达的农业生产为基础,有发达的水稻灌溉技术和一套组织完整的政府机制。由于与邻国战乱不断,终于,在1177年吴哥被来自越南的占婆人攻陷并被洗劫一空。到1350年左右,高棉帝国逐渐衰亡并于1434年迁都金边。吴哥逐渐被热带丛林所淹没。

通过以上的介绍,我们看到了气候在历史变迁中的重要作用,但是我们并不能因此就断言一切的兴衰完全就是气候变化造成的。"气候决定论"这种说法太过于简单化了。影响历史进程的原因是多方面的,而气候只不过是其中之一罢了。当然我们也不能忽视气候在这其中所起的作用。试想,如果不是连年的干旱使安纳沙兹人颗粒无收的话,他们又怎么会流离失所远奔他乡呢?如果不是外来移民大量涌入的话,美索布达米亚平原上的城市恐怕会晚些时候才会出现。成吉思汗率领蒙古大军西进欧洲的原因也是因为草场面积的锐减使他有机会为寻找粮食而联合各部落进而建立了帝国。尽管这些还只是我们对气候与历史变化之间的关系所做的推测,但是这些推测也并非毫无道理可言。当人们不得不改变他们的生活方式以应对气候变化时,谁能说这种改变和应对不会对历史产生影响呢?

七

米路廷·米兰科维奇与天文周期

　　米路廷·米兰科维奇出生于1879年5月28日。其家乡是位于克罗地亚和塞尔维亚交界处的一个克罗地亚村庄达里，靠近奥西克镇。当时的塞尔维亚还是一个独立的国家，而克罗地亚则在奥匈帝国统治之下。米路廷·米兰科维奇1904年毕业于维也纳工业大学获科学技术专业博士学位，此后在一家建筑安装公司担任总工程师。1909年他接受了贝尔格莱德大学的邀请到该校讲授数学，此后便留在该校一直到1958年逝世。1914年到1918年第一次世界大战期间，他在塞尔维亚军队服役后来被俘。但是当时的奥匈帝国对这位天才还算仁慈，允许他在位于布达佩斯的匈牙利科技图书馆继续从事他的科学研究工作。

　　每个数学家都有其特别感兴趣的课题，米兰科维奇的兴趣就是研究地表所接收的太阳辐射如何随地球纬度和季节的不同而产生变化。我们知道四季的产生是由于地轴不是垂直的而是倾斜的，而地表接收的太阳辐射量之所以不同是由于地球公转的轨道并不是真正的圆形而是椭圆形。椭圆形是一个有两个焦点的几何图形，并且这两个焦点并不位于椭圆的几何中心。我们在图19看到的F_1和F_2是物体运动的焦点，而C点是该图形的几何中心。当物体沿椭圆形轨道运行时，其围绕的中心是两个焦点中的一个，结果就形成了物体距几何中心忽远忽近的结果。

偏心率

宇宙间行星运行的轨道虽然会受到其他天体重力的影响而有所改变，但基本上还是可以被计算出来的。米兰科维奇通过复杂的数学演算推演出了几万年间地球偏心率的变化。对于圆来说，不管大小它始终是一个圆，但对椭圆形而言则不同。它有大小和形状的变化。偏心率就是用来测量椭圆形状的。偏心率越大，椭圆就越扁。主轴是椭圆形中最长的直线。如图19所示，当物体围绕F_1运行时，F_1与C之间的距离为线性偏心率，写作le。F_1位于主轴的1/4处，主轴的长度用希腊字母α表示。

偏心率e的定义为$e = le/\alpha$。从这个定义我们可以看出偏心率永远都小于1，因为α大于le。如果物体运行的轨道是圆形的话，F_1就位于C的位置，它的线性偏心率le是0，而

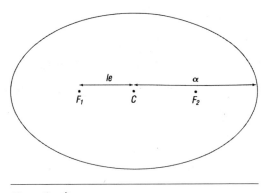

图19　偏心率

偏心率也是0。目前地球的偏心率是0.017,接近于圆形。

现在地球到达近日点的时间是在1月而到达远日点的时间是6月。受地球偏心率的影响,地球与太阳之间的距离在远日点时是9 568.7 万英里(15 396万千米),在近日点时是9 011.3 万英里(14 499.1 万千米),两者相差3%。这种差异带来的结果是地球在1月份时所接收的太阳辐射比6月份时多7%。多出的这7%看起来似乎还不足以对地球气候产生什么重大影响,甚至当地球的公转轨道是圆形而不是椭圆形的时候,这多出的7%也不过就是使北半球的冬天比现在冷一些而南半球的夏天比现在热一些罢了。

在过去的10万年里,地球的偏心率曾经发生过几次变化,从0.001变化到0.054之后又变回到现在的0.017。这种变化给地球气候带来了严重的影响。当偏心率是0.001时,地球一年四季所接收的太阳辐射从整体上看没有什么大的波动变化,但当偏心率达到0.054时则足以引起剧烈的气候波动。

黄赤交角

米兰科维奇对过去几万年里地球黄赤交角的变化周期及其影响进行了研究。黄赤交角是地球的自转轴地轴与地球公转轨道黄道平面倾斜的角度。这一角度在过去的4.2万年里也在发生着变化,从最初的22.1°变化到24.5°之后又变为现在的23.45°。黄赤交角的变化对地球表面所接收的太阳辐射的数量也有重大影响。

首先,黄赤交角的变化直接影响地球一年四季的产生。如果地轴与黄道平面的交角是直角,那么黄赤交角就是0°,地球将没有四季的变化。如图20所示,当黄赤交角的角度加大时,地球高纬度地区在夏季时所接收的太阳辐射会增多,导致地球出现酷暑严寒的极端性气候。

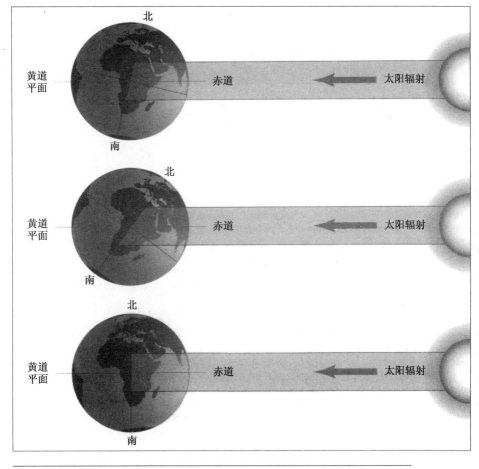

图20 黄赤交角的变化
黄赤交角的角度越大,两极地区吸收的太阳辐射越多。

地轴摆动

偏心率和地轴倾斜是米兰科维奇周期中的两个。地球在过去的2.58万年里还发生过第三种周期性的变化,即地轴摆动。

地球就像是一个高速旋转的陀螺。在不受外力影响的情况下陀螺是直立稳定的,然而当有外力作用时,陀螺并不会翻倒而是发生摆动,转动的角度并不是朝向外力的方向而是与其形成直角。这是什么道理呢?原来,陀螺在旋转的时候,不但围绕本身的轴线转动而且还围绕一个垂直轴作锥形运动。太阳和月亮的引力作用于地球时,除了能带动海水的涨落之外,还会使地球像陀螺一样受其影响产生周期性转动,围绕垂直轴作圆锥运动,这就是地轴的摆动。

喜帕恰斯与岁差

地轴摆动虽然是米兰科维奇周期中的一个,但最早对其进行研究的人是古希腊的天文学家和数学家喜帕恰斯(前190—前120)。他是古希腊最伟大的数学家之一,他的许多发现和推理在今天仍有其重要意义,地轴摆动就是其中之一。他还推算出一年应该是365.25天,并且每年要减去0.003天,而闰月的天数是29天12小时44分2.5秒。

喜帕恰斯出生在今天土耳其西北部伊兹尼克附近,当时这里叫做尼西亚。他的观测点设在爱琴海东南部的罗德岛上。他主要研究太阳和月亮的体积及其到地球的距离等。为此他专门研究了地球的自转和地球轨道。

在二分点即春分和秋分时,太阳出于正东落于正西。尽管当时没有钟表等计时设备,科学家们还不能准确判定在二分点时是否真的昼夜平分,但他们还是借助罗盘的帮助确定了一年中二分点的时间并以此作为历法的基础。

二分点时,日出的位置标出了黄道平面与天赤道的交叉点。天赤道是地球上的赤道平面无限延伸后与天球相交的连线。天球是以地球上的观测者为中心而假设的球体,半径无穷,天上的星星均投影其上。

在喜帕恰斯之前,人们利用夜空中的星星来确定太阳在天赤道上的位置从而研究二分点时太阳在天球上的位置。太阳相对于这些星星的位置就是星座。但是这种方法存在一个问题:白天时怎么办呢?喜帕恰斯用月食解决了这一问题。月食发生时,太阳、地球和月亮同处在一条直线上,地球在月球和太阳之间,月球运行到与太阳相对的方向。月食发生时,地球的投影落到月球上。由于大气对阳光的反射作用,月球仍依稀可辨。此时月球的中心正面对太阳。

大约公元前130年,喜帕恰斯将其对二分点的测量结果与其他早期科学家的记录进行了对比,发现在169年的时间里太阳在天球上的投影位置移动了2°。他把这称为岁差。

地轴摆动对历法有重要影响。在喜帕恰斯生活的年代,春分时太阳位于白羊座,但到了公元初年,太阳的位置移动到了双鱼座。今天太阳则是位于宝瓶座。这证明地球的公转轨道在二分点时不断发生着变化,每年都几乎要向西移动一点儿。这是地轴摆动的结果。喜帕恰斯推算,地轴摆动的速度大概是每年45或46角秒。这一结果几乎是完全正确的,因为今天人们已推算出岁差的实际速度是每年50.26角秒。

地轴摆动还影响人们对方向的辨别。比如今天我们在北半球可以通过位于北极上方天空的北极星来辨别方向,但是黄赤交角的变化使我们了解到这种方法只是在今天才有用,因为地轴并不总是指向北极星的位置。大约在公元前3000年左右,地轴指示的方向是位于天龙座的a星,中文名叫右枢,它才是当时的北极星;而在喜帕恰斯生活的年代,恐怕人们连北极星在哪儿都不知道,因为那个时候北极上方的天空根本就没有星星。

岁差的意义

普通意义上的一年是指地球两次经过春分点的时间间隔,称为回归年,包括365.242的太阳日。太阳日是指地球自转一周所需要的时间。人们普遍认为一个太阳日的长度是86 400秒,即24小时。但当我们测量地球两次经过近日点的时间间隔时却有所不同,此时的一年为365.259个太阳日,比回归年多出25.13分钟。这意味着地球在两个近日点之间运行的速度比在两个春分点之间运行的速度要慢,结果是每隔57.3年要多出一天。这就是岁差。

岁差对地球气候有重要影响。目前地球处于近日点的时间是每年的1月;处于远日点的时间则是每年的6月。这对地球的温度有调节作用,不会引起在北半球冬天过冷和南半球夏日过热的结果。但也许1万年以后的地球与今天的地球就会迥然不同。那时地球可能会在6月份时到达近日点,而在1月份时到达远日点。届时,南北半球四季的温度变化将走向极端——越是冬天北半球越冷,而越是夏天南半球就越热。

当周期重叠时

偏心率、黄赤交角和岁差是地球的3个周期性变化。就其中任何一个而言,其自身对地球的影响是非常有限的。但如果3个周期性变化同时发生则后果难以想象。比如当岁差使地球在1月时到达远日点并且偏心率达到最大值时,二者相互作用互相补充,其结果是北半球在冬季时气温降至极限。如果此时黄赤交角也达到最大值,那么北半球在隆冬时节与太阳的距离要远远超过现在,地球接收的太阳辐射就会变得更少了。

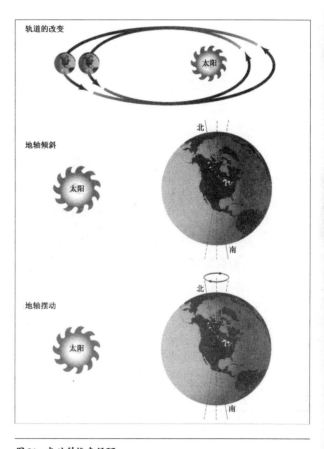

图21 米兰科维奇循环

米兰科维奇循环与地球冰期的开始和结束有着重要的联系。

81

由于北半球的陆地面积比南半球多，在北半球上所发生的一切变化都与气候有着千丝万缕的联系。陆地的热容量低于海洋，因而冬季时陆地上热量的散失要比海洋快（参见"热容量"）。如果陆地吸收的太阳辐射还有所减少的话，那么在相同的条件下，冬季结束之前陆地温度就已跌至海洋温度以下。这将改变陆地与海洋之间的热量分配引起气候改变。

米兰科维奇循环

米兰科维奇对地球的3个周期性变化进行了计算并推算出它们在几万年里的变化进程。这些结果被称为米兰科维奇循环。他还计算出了3个周期重叠时的大致时间。通过这些研究，米兰科维奇计算了地球接收的太阳辐射量的变化——特别是夏季时北纬5°~75°之间的太阳辐射量，并将计算结果用图表曲线的形式进行了描述。借助德国矿物学家阿尔布雷克特·彭克（1858—1945）对地球冰期开始时间的计算，他发现地球表面受太阳照射的面积达到最小值时，正是地球冰期的开始，两者之间有9次的重合期。他的这一发现在1920年被公布于世。

阿德玛与克罗尔

最早对冰期与天文周期的关系进行研究的是法国数学家阿尔方

索·约瑟夫·阿德玛。在《海洋革命》（1842）一书中，阿德玛指出由于地球偏心率和黄赤交角的变化，南极每年日照时间要比北极少170个小时，所以南极比北极更冷（当然我们之前的章节已经证明这种看法是错误的）。阿德玛还计算出每隔2.6万年地球黄赤交角的变化就会引发一次冰期。

虽然阿德玛的发现在当时并未引起世人过多的关注，但是有关天文周期与气候之间关系的研究却始终没有停止过。1864年自学成材的苏格兰地质学家和气候学家詹姆斯·克罗尔（1821—1890）又一次对这一问题进行了探讨，提出冰期的开始是地球偏心率与岁差共同作用的结果。克罗尔是当时英国苏格兰地质勘探局爱丁堡办公室的主任。他对气候学的研究主要是在工作之余和退休后进行的。克罗尔出版了几本有关气候学方面的书，其中1885年出版《关于宇宙学和气候学的讨论》是克罗尔的最后一部作品。

虽然米兰科维奇借鉴了许多前人的研究成果，他的计算和论断在一定程度上颇具说服力，但在当时他却遭到了来自气象学家们的质疑。因为太阳辐射量在地球上的变化幅度非常小，似乎难以对地球气候产生影响，所以一直到1976年以前，他的理论在学术界一直是一个有争议的话题。

1976年人们通过对软泥中氧同位素的分析，发现气候发生变化的时间与米兰科维奇推算的结果一致。1990年对软泥芯进行的另一项研究也证实，气候变化每隔10万年就循环一次，而每隔41万年则会加剧这种变化。

当然米兰科维奇的理论也有值得商榷的地方。根据他的观点，每隔10万年发生一次的气候循环应该仅仅是一种间接的表现，是对岁差所做的微调。尽管科学家们也认为米兰科维奇循环会对生物界产生影响，但是他们无法解释这种微小的变化是如何引发冰期这样大的气候变化的。周期既然可以改变地球的体积以及生物的数量，那么它也可以改变大气中二氧化碳的含量，而二氧化碳含量的改变又可以引发温室效应并反过来加剧天文周期所引发的影响。尽管诸如此类的争论仍在继续，但是许多古气候学家已经开始接受米兰科维奇的观点。他们相信在循环与气候之间确实存在着某种必然的联系。

火星上的米兰科维奇循环

米兰科维奇的理论在火星上的表现更为明显，这是因为火星距离其他行星较近，并且没有月亮这样的卫星影响它。在过去的9.5万年至9.9万年间它的偏心率变化是地球偏心率变化的两倍：从0.001（圆形轨迹）变为0.13。它的自转轴倾斜角度变化得更大，在12万年里从13°发展到47°，而其岁差则在5.1万年里完成了一次循环。这些周期性变化与火星气候变化之间都有着重叠性。这一点可以从火星北极冰层形成和蒸发的速度上得到证明。

米兰科维奇用了一生的时间来解释地球的自转和公转对气候的影响。这在既没有计算器也没有计算机的年代，其任务的艰巨性可想而知。他的理论在当时无法得到证明，即使是在今天人们也很难百分之百证明这一理论的正确性。然而无数的事实已经证明了这种理论确有其道理并且科学家们也已经开始考虑地球公转轨道变化与气候之间的关系。火星和地球上的气候变化都证明了这一点。

八

冰川期——历史与未来

　　18和19世纪是科学家们忙于对事物进行分类的年代。也许今天的人们对这种做法颇不以为然，因为在他们看来科学应该对事物形成的过程和原因加以解释而不是单单像贴邮票那样对它们进行命名和排列。实际上这种想法完全是对科学的一种误导。科学有必要对事物进行命名并将其系统化使之井然有序地存在于我们的世界当中。假如没有了这种秩序，那么对自然界各种现象的研究根本就无从谈起。

　　动植物专家们的工作是对动植物进行分类，而地质学家们要做的则是对岩石进行分类研究。几百年前人们就发现遍布北欧、亚洲和北美的沙砾与巨石同周围其他的石头很不一样。它们在地质学上被称为漂砾，与人们在几百英里之外发现的岩石非常相近。起初没有人能说清楚这些漂砾是如何来到这些地方的。到了19世纪初期，一些科学家提出是冰川的移动将这些漂砾带到了它们现在所在的位置。这种说法在当时多少有些让人难以接受，因为尽管冰川能够推动巨石与砂砾与之一起前进，但人们在上述地区并没有发现有冰川存在。不过由于在冰川的边缘和周围都有被称为冰碛的砂砾和巨石存在,因此虽然这种说法似乎在暗示着冰川活动的范围远远超过今天并且冰川似乎与河流一样在缓慢地流动着,但还是有许多人对此表现出了浓厚的兴趣。

路易斯·阿格赛兹与大冰川期

有关冰川运动的讨论在路易斯·阿格赛兹着手对其进行研究后达到高潮(参见补充信息栏:路易斯·阿格赛兹与大冰期)。在这之前阿格赛兹一直从事鱼类研究,并因《鱼类化石的研究》一书而成名。该书对鱼类的化石进行了分类,共统计出一千七百多种鱼。

路易斯·阿格赛兹的父母是德国人,但他却是在瑞士出生,因而对瑞士境内的冰川非常熟悉。阿格赛兹非常热衷于到各种地方进行探险度假。在1836年和1837年,他曾两次与朋友去瑞士阿尔冰川度暑假。他就是在那里发现冰川运动证据的。

之后,他又去了包括苏格兰在内的欧洲其他地方继续其冰川研究,发现了更多有关历史上冰川活动的证据。在随后几年所做的观察和研究中路易斯进一步证明了冰川曾经一度在欧洲大陆的大部分地区出现和活动过并在这些地区留下了漂砾。1840年他将他的研究成果公布于众并立刻引起轰动。1846年普鲁士国王弗雷德里克·威廉四世亲自资助他前往美国考察。在那里他同样找到了过去冰川活动的证据并提出在北美和北欧的历史上都曾经有过大的冰川活动。他把这段时间称为大冰期。

让·路易斯·鲁道夫·阿格赛兹（1807—1873）出生于瑞士的一个小镇摩塔。在首都伯尔尼附近的比尔和洛桑完成中学学业后进入苏黎世大学学习并曾经先后在德国的海德堡、慕尼黑和爱尔兰根等大学深造，专门从事鱼类研究。1831年阿格赛兹来到法国巴黎的自然历史博物馆继续其研究并在随后被聘为瑞士纽沙泰尔大学的自然史教授。

在法国和瑞士交界处的汝拉山区和法国东部平原上，到处都有漂砾存在。当时有些科学家提出这些巨石是由冰川的移动带到这里来的。如果这种说法正确的话，那将意味着冰川是可以像河水一样流动的东西并且在历史上其活动范围远远超过现在。为一探究竟，1836年路易斯·阿格赛兹将其研究方向转向冰川。在1836年和1837年，他与朋友们对瑞士阿尔冰川两侧岩石上的槽沟和冲刷痕进行了研究，提出这些痕迹很可能是冰川运动时所携带的石块从上面划过后留下的。1839年，他们发现12年前在冰川某处修建的棚屋居然移动了大约1英里（1.6千米）。为了继续观察，他们决定在冰川表面立起一排标杆。结果当他们在1841年再次回到这里时，这排标杆变成U字形。这一发现表明冰川中心区的移动速度比冰川两侧快。

在这些研究的基础上，1840年阿格赛兹出版了《冰川研究》一书，提出在几百万年前，与格陵兰冰原类似的冰原曾经覆盖了瑞士全境和欧洲的大部分地区。

　　1846年阿格赛兹赴美国继续冰川研究和讲学，并留在了那里，后于1848年被聘为美国哈佛大学的生物学教授。阿格赛兹对美国的冰川进行了研究并与其在欧洲的发现对比后提出欧洲和北美的大部分地区都曾经被厚厚的冰原所覆盖。他将这段时间称为大冰期。1915年阿格赛兹入选美国科学家名人堂。

冰川期、间冰期和地质期

　　地质学家除了对岩石进行分类外还把地球归分成了多个不同的发展阶段，也就是我们所说的代、纪和世。表3列举了地球各个地质年代的名字和大致的起止时间。

表3　地质年代表

宙	代	次生代	纪	世	距今年代（百万年）
显生宙	新生代	第四纪		全新世	0.01
				更新世	1.64
		第三纪	晚第三纪	上新世	5.2
				中新世	23.3
			早第三纪	渐新世	35.4
				始新世	56.5
				古新世	65

宙	代	次生代	纪	世	距今年代（百万年）
	中生代		白垩纪		145.6
			侏罗纪		208
			三叠纪		245
	古生代	上古代	二叠纪		290
			石炭纪		362.5
			泥盆纪		408.5
		下古代	志留纪		439
			奥陶纪		510
			寒武纪		570
	阿尔冈纪				2 500
	太古代				4 000
	冥古代				4 600

（阿尔冈纪,太古代和冥古代有时又会称为前寒武纪。）

　　大冰期起始于地质学上认为与现在较为接近的时期,因而这一时期被称为更新世;而冰期结束以后的地质期则被称为全新世,代表一个全新时期的到来。全新世又被称为后冰期。后冰期时温度上升,冰川后退。在比利时和美国的新英格兰的沿海地区发现的证据表明,融化的冰川使海平面开始上升。人们将海水的这种上升称为富兰德里安海侵。在欧洲当人们把全新世当做间冰期进行研究时就常常称之为富兰德里安时期。于是我们今天所生活的这个年代就有了许多种不同的叫法,既可以称之为全新世也可以称为后冰期或富兰德里安时期。

　　阿格赛兹有关漂砾是随着冰川的运动而来到现在所处位置的解释是正确的,但是对冰期发生的次数却做出了错误的估算。实际上冰期的发生不止一次。在过去的300万年里,地球上大概每10万年就会有一次冰期发生,其持续的时间大致是5万年到25

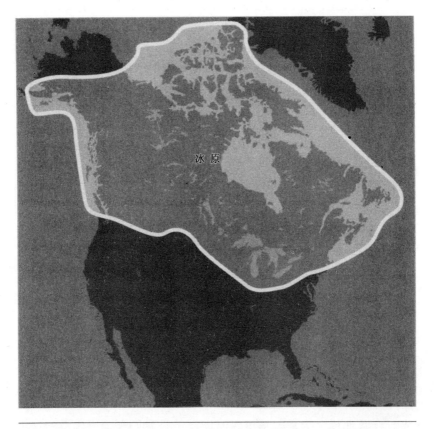

冰 原

图22　罗伦太德冰原
实线标出了罗伦太德冰原在大约2万年前最后一次最大冰川作用中的活动范围。冰原北部和东北部的海水全部结冰。

万年。我们现在所说的冰期大概起始于更新世,但在这之前,地球就已经有过7次冰期了。有些科学家甚至提出应该是20次。在两个冰期之间是气候较为温暖的间冰期,持续的时间大约是8 000年到1.2万年,也就是说全球气候始终是在冰期和间冰期之间循环。从图22和图23上我们可以看到,大约2万年前曾经覆

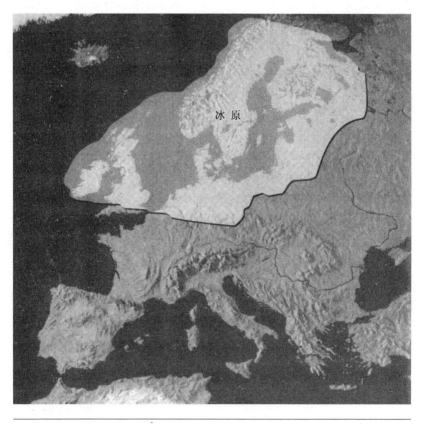

冰 原

图23 芬诺斯坎底亚冰原
在最近一次的冰期中它覆盖了北欧地区,范围从挪威北角到俄罗斯的第聂伯河。

盖北美大陆的罗伦太德冰原与影响欧洲大陆的芬诺斯坎底亚冰原的活动范围（芬诺斯坎底亚是芬兰、挪威、瑞典、丹麦的总称）。它们出现在地球经历的最近的一次冰期中最寒冷的阶段（最近的一次冰期在地质学上又被称为威斯康星冰川），人们称之为最后一次的最大冰川作用。

在北美、英国、欧洲西北部、东欧、俄罗斯以及阿尔卑斯山山区等地，人们都可以找到有关冰期和间冰期的证据。在表4中我们可以看到这些地区冰期的起始时间以及冰川的名字。有关起始时间的研究主要是依靠对氧同位素的测定，但这种方法只适用于历史较短、年龄较轻的冰川。对于更远古的冰川来说，它们的起始时间的测定恐怕就很难做到那么准确了。

表4　更新世冰川期与间冰期

大致时间 (1千年BP)	北　美	英　国	北欧和西欧
10—1950	全新世间冰期	全新世间冰期（富兰德里安间冰期）	全新世间冰期（富兰德里安间冰期）
75—10	威斯康星冰期	戴文森冰期	魏谢灵冰期
120—75	散加蒙间冰期	伊普斯威哥间冰期	伊梅恩间冰期
170—120	伊利诺冰期	沃尔斯东冰期	萨阿林冰期
230—170	亚莫斯间冰期	霍克斯恩间冰期	荷尔斯坦间冰期
480—230	堪萨冰期	英吉利冰期	艾尔斯特瑞冰期
600—480	阿夫顿间冰期	克罗默瑞间冰期	克罗默瑞复合间冰期
800—600	内布拉斯加冰期	比斯托恩冰期	巴韦尔复合冰期

大致时间 (1千年BP)	北　美	英　国	北欧和西欧
740—800		*帕斯托恩间冰期*	
900—800		前帕斯托恩冰期	默纳佩恩冰期
1000—900		*布拉默托恩冰期*	*瓦阿兰间冰期*
1800—1000		巴文森冰期	埃布罗恩冰期
1800		*安森间冰期*	*蒂格利间冰期*
1900		图恩冰期	
2000		*卢德哈梅恩间冰期*	*前蒂格利冰期*
2300		前卢德哈梅恩冰期	

（BP代表距1950年,斜体字代表间冰期,其他的为冰期。历史越久的冰期和间冰期年代越不确切。尚未在北美发现证明200百万年前冰期活动的证据。在英格兰东部的卢德哈姆的岩床钻孔中找到了证明图恩冰期和卢德哈梅恩间冰期的证据。）

　　当然,随着调查研究的深入,人们对冰川运动在岩石上所留下的痕迹有了更进一步的了解。有些早期冰川活动的时间还是可以被确定的。地球早期的冰川活动并不频繁,最早的一次大概是发生在25亿年前的阿尔冈纪早期。到大约8.5亿年前的阿尔冈纪晚期,冰期活动开始加剧,其中的一次冰期发生在奥陶纪,持续时间长达2 000万年至2 500万年。另一次的冰期发生在3亿年前石炭纪到二叠纪之间。之后在大约1亿年前的白垩纪又有过一次冰期。南极大陆上的冰在大约2 500万年前才开始出现,到1 200万年前冰层开始扩张,而此时北极地区的冰则是才开始形成。到了大约500万年前,南极地区的冰面面积达到了现在的规模,但一直到大约400万年前南极地区仍然有低矮的灌木在生长。

冰川的形成与运动

冰川有时被人说成是冰河,其实这是一种误导。冰川虽然也在运动,但它的形成和运动方式与河水完全不同。

冰川是由夏季里未融化的积雪开始的。这种雪被称为永久积雪,其边缘被称为永久雪线。每年冬天的降雪到最后都会有一部分变成永久积雪。在不断增加的重量的作用下,最底层的积雪被挤压成了坚冰。有一部分积雪在阳光的作用下直接升华成水汽而损失掉,同时风力也可以使地表松散的雪粒产生消融。但如果累积的雪量超过因升华和消融作用而损失的雪量的话,最终积雪会变成冰川。

冰川首先是在温度最低的高海拔地区形成,经过长年累月的堆积后,冰川的重量会使处于底部的冰雪向山下滑动。这些缓慢移动的冰雪就是冰川。当冰川开始运动时,冰川上部硬而脆的冰层开始崩裂形成冰缝。所以冰川表面非常粗糙,起伏不平,与河水的表面完全不同。冰川底部的冰体在压力的作用下柔韧富有弹性,在经过地表岩石上面时会隆起并在其上面滑过,这就是所说的冰川的滑动。冰川在两山之间移动时会将地表较松软的岩石碾碎并将山脉切成U字形,形成谷冰川。如果冰川在向山下滑动时将整个山坡覆盖则形成冰原。当冰川因每年升华、消融和融解等因素作用损失的冰雪量与新增的冰雪量持平时,冰川就会停止运动,进入消融区。

随冰川一起移动的岩石、砾石等漂砾在冰川进入消融区时也停止了移动,堆积后形成冰碛。如果冰碛是位于冰川前端则形成终碛。冰碛能够帮助地质学和地貌学家们确定很久以前就消失的冰川的规模和活动范围。

地球变成了大雪球

冰川一旦开始形成,其发展速度是相当惊人的。白色的冰川表面对太阳光和热量产生反射,阻止了地表温度的上升(参见"地球在太空中有多亮")。这使第二年的降雪量更多,夏季温度偏低。温度不利于冰雪的融化时冰层覆盖的范围就会加大,所以在冰川形成过程中起重要作用的是夏季时的温度。如果温度过低而不能使这些冰雪融化的话,久而久之冰川的面积就会不断扩大。

有人曾提出一种颇有争议的说法,认为在7.5亿年到5.8亿年之间,地球曾经四次完全被冰川所覆盖。从20世纪60年代起,地质学家们也确实在阿尔冈纪地层中发现了与更新世时期相同的冰川沉积物。这些沉积物在每个大陆上都存在,包括非洲地区。这似乎证明历史上赤道附近地区也有过冰川活动,并且是在海平面高度而不是在高海拔地区。很多人都对这一问题作出过回答。20世纪80年代,美国加州理工学院的乔·凯斯文科就曾提出过"雪球地球"这一假说。他认为地球上原先只有一块大陆,受地壳运动的影响,这块大陆开始崩裂,形成许多小的陆地,每块陆地都与海洋相距不远。随着降雨的增多,大气层中的二氧化碳被雨水溶解,在与地表岩石中的硅发生反应后注入海洋。在这种方式的作用下,大气中的二氧化碳含量急剧减少,温室效应减弱甚至发生逆转,气温降低(参见"温室气体与温室效应")。大块的冰开始在两极地区出现。受冰层对太阳反射的影响,全球温度继续下降,平均温度下降到-58℉(-50℃),海洋表面的冰层厚达半英里(800米)。北极地区的海冰向赤道方向延伸并最终到达此地。

虽然此时地球表面的气候已经相对稳定下来,但是地球内部却依然活跃。来自地球内部的热量使海洋没有被完全冻结,火山喷发仍在继续,释放出二氧化碳等气体。

由于冰期时候的地球气候非常干燥,没有任何降水过程的发生,因此大气中的二氧化碳无法与水溶解并被带至地表,其含量开始逐渐增加。经过了大约1 000万年的累积后,大气底层气体体积的10%是二氧化碳。这足以引发新一轮的温室效应。气温逐渐升高,地球开始变暖。又过了几个世纪,地球上的冰开始融化,露出大片的陆地。地面吸收了大量的太阳光和热量,温度回升到120℉(50℃)以上。

高温使海洋中的水汽大量蒸发。水汽冷却凝结后出现长时间的猛烈的降雨。大气中的二氧化碳被冲刷到地面并与古代冰川沉积物发生反应,在冰碛表面形成白云灰岩帽。澳大利亚阿德雷德大学的地质专家乔治·威廉姆斯是第一个发现这种现象的人。他在澳大利亚和世界各地都找到了这种被白云灰岩所覆盖的冰川沉积物。白云灰岩是石灰岩短时间内受大量雨水冲刷,石灰岩中的钙被镁取代后形成的沉积岩。

雨水将大量的二氧化碳带至地表减轻大气中二氧化碳的含量,缓减了温室效应对地球温度的影响,气温下降,气候逐渐稳定下来。

人们现在对"雪球地球"这一看法还颇有争议。有些科学家提出白云灰岩帽的成因还可以有其他解释。一些气候学家也认为如果地球真的曾经被冰层完全覆盖的话,那么地球温度根本就不可能再回升,因为海洋表面全部结冰后,其情势是不可逆转的。尽管有这么多的不同意见和看法,支持"雪球地球"理论的科学家们仍然在寻找和提供各种证据来证明他们的观点。

未来还会有冰川期吗

很多人认为假如地球真的曾经变成过一个大雪球的话，那么这段历史也早就结束了，地球不会再经历那样的冰冻期。然而，科学家们相信地球在未来还会再次经历冰期。

当路易斯·阿格赛兹第一次提出大冰期理论时，他错误地把这当做是地球上唯一的一次冰期，认为现在是全新世而不是更新世时期，所以不可能再有新的冰期发生。然而，随着地质学家们对地球历史研究的发展，人们发现历史上有过不止一次的冰期。全新世只不过是这些循环发生的冰期中间的一个间冰期而已。

地球目前的间冰期已经有1万年的历史了，这是大多数间冰期所持续的平均时间。我们有理由相信在不久的将来地球会开始新的冰期，只不过这个"不久"可能是在几千年之后。

虽然地球目前公转轨道的偏心率有利于间冰期的存在，但是它每10万年就会循环一次并且每次似乎都与冰期的开始有关。与此同时，地轴倾斜的角度正不断减小，南北回归线正以每小时0.07英寸（1.7毫米）的速度向赤道靠近。这些变化有利于冰期的再次发生。

地球到达二分点的时间也有利于冰期再次发生。目前地球到达远日点的时间是在6月，这使地处北半球的各大陆的夏季温度偏低，不利于冰雪的消融。

虽然人们目前关注得更多的是有关全球气候变暖的问题，但是从长远角度看，有关冰原的形成和冰期的再次发生的预言已经不是什么子虚乌有的事情了。我们只是还不知道它会在什么时候开始，也许是在几千年之后，但也许会更快。

九

爱德华·沃尔特·蒙德尔与不稳定的太阳

　　位于伦敦东部的英国格林尼治皇家天文台归政府所有，这里的工作人员全部由政府文职机关管理，必须经过公开考试之后才能被录用。1873年，爱德华·沃尔特·蒙德尔（1851—1928）放弃了在伦敦银行的职位，通过考试后成为这里的一名摄影和分光镜助手。他的工作就是负责拍摄太阳，然后根据照片对太阳黑子的面积进行测评并在示意图上标出它们的位置。

　　蒙德尔虽然没有受过天文学方面的专门训练，但他是一个工作积极而谨慎的人。他认为由于太阳与地球之间的距离过于遥远，因而即使在地球上能观察到太阳黑子，人们仍然还有许多更细致、更重要的东西无法准确观测得到。同样出于对距离的考虑，蒙德尔对当时流行的火星上有运河这一说法提出了质疑，认为所谓的运河只不过是人们的一种视觉幻象。尽管他的这种观点在当时遭受了众多的非议，但事实最终证明蒙德尔是对的。对古亚速人和古埃及人所描绘的长着翅膀的太阳神形象,蒙德尔也提出了自己的看法,认为这些翅膀实际上代表了太阳大气层的最外层,即日冕。

太阳黑子的活动周期是11年

1843年德国天文学家塞缪尔·海里希·施瓦贝(1789—1875)发现太阳黑子的数量每隔11年就会有规律地减少和增加,而蒙德尔对太阳黑子持久不懈的观察也有了更进一步的发现:太阳黑子在日面纬度上的分布与太阳黑子的活动周期有关,并呈现出规律化的变化。太阳黑子群总是最先出现在距离太阳赤道较远的地方,然后逐渐向太阳赤道靠拢(参见补充信息栏:太阳黑子)。

蒙德尔除了负责观察并对太阳黑子拍照外还利用业余时间对天文台图书馆里的历史记录进行研究,希望找到有关太阳黑子活动周期的更多资料。经过研究,蒙德尔发现英国天文学家威廉姆·何塞(1738—1822)多年前就曾提出在太阳黑子数量与地球气候变化之间有着某种必然的联系。1801年何塞就每年太阳黑子与粮食价格之间的关系做过调查,发现气候好时粮食价格就下降而当天气不好收成差时价格就会上涨。

补充信息栏 太阳黑子

太阳大气由内向外分为三层: 太阳光球层、太阳色球层和日冕层。我们所看到的太阳其实是太阳大气层的光球层，它的厚度有几百英里，温度差不多有 9 900℉（5 500℃）。那些时多时少的太阳黑子就出现在光球层上。这些太阳黑子所占面积加起来差不多有 31 070 英里（50 000 千米）长，其温度比太阳上的其他地区低 2 700℉（1 500℃）。大多数太阳黑子的核心区都颜色较暗，被称为"黑子本影"，在其周围则是颜色较浅的区域，被称为"黑子半影"。在太阳黑子周围有光斑存在。光斑是太阳光球层上较为明亮的区域，我们在图 24 上看到的是太阳黑子的外貌。为了让大家看得更清楚我们将其进行了放大，实际上真正的太阳黑子远没有这么大。

太阳黑子具有很强的群居性，几乎在任何时候多数黑子都是群居的。太阳黑子的寿命很短，一般是 2 周左右。太阳黑子数量的变化也有周期性，一般是 11 年。太阳黑子活动周期开始前的几周，人们几乎看不到有黑子存在，之后黑子在南北纬 30°~40° 的地区最先出现。在之后的 5 年里，太阳黑子时隐时现，但它们的数量一直在稳定地增加，并且逐渐向日赤道靠近。在第 5 年末太阳黑子的数量达到最多。然后在以后的 6 年里数量开始逐渐减少，同时继续向日赤道地区靠近，最后在到达南北纬 7° 的时候，太阳黑子逐渐消失。下一轮太阳黑子出现的时间大约在 11 年以后。

太阳黑子是由太阳磁场所引发的。强烈的磁场效应同时使太阳大气层中炽热的大气无法到达色球层顶形成垂直对流。结果大气层中能量高的带电粒子如电子、质子等最终被从太阳表面喷射到太阳外的太阳系空间甚至更远的地方形成太阳风。太阳风的强度随太阳黑子数量的增加而增强。太阳风对宇宙射线的强度以及到达地球的太阳红外线的辐射强度均有影响。

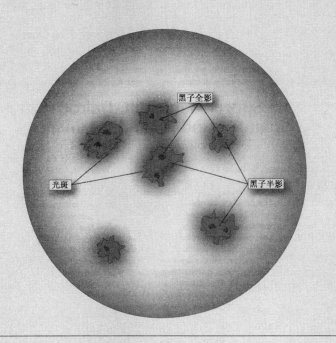

图24 太阳黑子

斯庞尔极小期、达尔顿极小期与蒙德尔极小期

　　1889年，蒙德尔读到了另一位德国天文学家弗雷德里克·威廉姆·古斯塔夫·斯庞尔（1822—1895）的文章。斯庞尔发现，尽管人类对太阳的研究很早就开始了，但在1400年到1520年之间有关这方面的研究记录却出奇地少。这段时间后来被称为斯庞尔极小期。斯庞尔极小期恰恰是地球的小冰期。小冰期里欧洲到处饥荒遍野。波罗的海在1422年到1423年之间被完全冻结；居住在格陵兰岛上的挪威人因为无粮可吃无鱼可打不得不退回到斯堪的纳维亚半岛。

　　蒙德尔在对这些历史文献进行研究的过程中还发现了一个与斯庞尔极小期相似的太阳黑子活动期，时间大致在1795年到1820年之间。这就是达尔顿极小期。达尔顿极小期在规模上不如斯庞尔极小期，但仍对地球气候产生了巨大的影响。地球又转为寒冷性气候，其中的1813年几乎全年没有夏天。

　　蒙德尔发现的太阳黑子活动极小期介于1645年到1715年之间。这期间太阳北半球上几乎一个黑子都没有。70年间人们观测到的太阳黑子数量还没有现在平均一年里看到得多。在此期间斯堪的纳维亚半岛上的居民连极光都很少见到，以至于偶尔一次的极光竟被当地人当做了凶兆。1716年英格兰岛上偶然出现的一次极光竟引得当时的皇家天文学家埃德蒙德·哈雷（1656—1742）专门写了一篇论文对此大谈特谈。其实极光是太阳风与大气层中的原子和分子相互作用的结果。在太阳黑子活动弱的年份，太阳风也极弱，因而很少有极光发生。蒙德尔曾在1890年的一篇论文里解释过太阳

黑子与极光之间的关系，并在1922年的一篇论文里再次对其进行了论述。

蒙德尔极小期与地球小冰期里的最冷期相对应（参见"小冰川期"）。由于当时英国伦敦的泰晤士河河水封冻，人们于是在冰面上办起了市场。冰岛有好几个冬天被海冰围困。为了躲避严寒，因纽特人乘坐用鲸鱼皮、水獭皮包在骨头架子上制成的小船数度来到苏格兰岛北部的奥克尼群岛和设得兰群岛，甚至有一次居然出现在苏格兰东北部城市阿伯丁附近的唐河上。蒙德尔一直想努力说服科学界相信他已经发现了太阳活动与地球气候变化之间的关系，但收效甚微。人们认为他过于注重过去的一些资料和记载，而这些资料和记载的准确性值得怀疑。

年轮与同位素

通过对年轮和冰芯的研究，今天人们已经有证据证明蒙德尔有关太阳黑子与气候变化之间关系的理论是正确的，而这些证据是他那个年代所不可能提供的。（参见"如何研究地球各个历史时期的气候"）。

我们知道年轮是由树木的形成层所分裂的细胞长成的，它能够反映树木的生长条件，因此不同树种的年轮为人们研究气候情况提供了依据，是间接的气候记录。

木头中含有的^{14}C是大气中的氮原子受太阳风等宇宙射线攻击后的衰变物质。当宇宙射线强烈时大气中的^{14}C含量增加；若是宇宙射线减弱则^{14}C含量减少。

20世纪40年代美国化学家威拉德·弗兰克·利比（1908—1980）发现放射性^{14}C的半衰期可以被用来测定生物体的年代，这就是放射性碳探测年法。使用这一方法的前提是^{14}C在大气中所占的比例是恒定不变的。在这一前提的指导下，科学家们确立了样本年代与样本中^{14}C：^{12}C比率之间的利比准则。但后来人们在对狐尾松的年轮进行研究时发现大气中^{14}C所占的比例并非是固定的，而是随着宇宙射线的多少发生改变。现在人们对放射性碳测年法的标准已经进行了纠正并修正了原来所测定的年代。虽然有关大气中^{14}C的含量不变的假设是错误的，但是误打误撞，这次的错误反倒使科学家们得以对宇宙中射线的强弱变化进行推算。

^{14}C只是宇宙射线攻击大气层后产生的众多放射性同位素中的一个，其他的放射性同位素还包括：镍的同位素（^{59}Ni，半衰期为10万年），钙的同位素（^{41}Ca，半衰期11万年），铁的同位素（^{60}Fe，半衰期30万年），氯的同位素（^{36}Cl，半衰期31万年），铝的同位素（^{26}Al，半衰期100万年）和铍的同位素（^{10}Be，半衰期270万年）。目前应用最广泛的是放射性同位素铍(^{10}Be)。由于空气中的这些放射性同位素会被降雪携裹到地面，因而人们从两极地区所钻取的冰芯中往往含有这些同位素。科学家将这些放射性同位素从冰芯中提取出来后便可以利用它们对过去宇宙射线的强度进行测量。

蒙德尔一生成绩斐然，受人尊敬。他后来成为英国格林尼治皇家天文台太阳部的主管，皇家天文协会会员，并且还是英国天文学会杂志的编委。他的妻子安妮·斯格特·迪尔·罗塞尔（1868—1947）也在天文台工作，是一名计算员。他们于1891年相识并在以后合作完成了许多关于太阳和天文学方面的科普文章。

太阳黑子的活动周期有时长有时短,11年只是它的平均值。太阳黑子活动的强弱会对地球的气候产生影响,这点似乎已经变成了不争的事实。在太阳黑子活动极小期里,地球气候处于寒冷期;如果太阳黑子活动处于极大期,地球气候则处于温暖期。太阳黑子活动周期的长短尤其会对地球上的温度产生影响。在1890年,太阳黑子的活动周期是11.7年,结果导致当年地球平均温度比常年降低了0.72℉(0.4℃);在1989年,太阳黑子的活动周期是9.8年,而当年的平均温度升高了0.45℉(0.25℃)。

表5列举了更多的太阳黑子活动极小期的名称和大致时间。

表5　太阳黑子活动极小期

名　　称	日　　期	备　　注
达蒙极小期	1880—1930	全球平均温度下降 0.9℉(0.5℃)。
道尔顿极小期	1795—1825	1813年全年没有夏天。
蒙德尔极小期	1645—1715	全球平均温度下降 1.8~3.6℉(1~2℃)。
斯庞尔极小期	1400—1520	地球经历小冰川期。
沃尔夫极小期	1280—1340 B.C.E	美国普韦布洛和霍霍康印第安人文明结束。
希腊极小期	330	
荷马极小期	750	
埃及极小期	1370	
银湖极小期	1870	
诺亚极小期	2850	

名　　称	日　　期	备　　注
苏马极小期Ⅱ	3290	
苏马极小期Ⅰ	3570	
耶利哥极小期	5190	
撒赫兰极小期	5950	

不稳定的太阳

　　地球接收到的太阳辐射量用太阳常数来衡量,它是指地大气层顶垂直于太阳光束的单位面积上(通常是每平方米)接收到的太阳辐射能量。根据牛顿万有引力定律中的平方反比定律,物体或天体的作用强度随距离的平方衰减,即当两物体间的距离增为2倍时,引力减弱为4倍。以此类推,太阳到达地球的辐射强度与地球和太阳之间的距离也成平方衰减。如图25所示,地球与太阳之间的距离是9 300万英里(1.495亿千米)。当人站在地球上观察高空中的太阳时,太阳对向地表角度成0.5°的夹角。所以尽管太阳辐射出的热量是向四周扩散的,但到达地球的只是一小部分。受太阳黑子数量的影响,太阳常数也会发生变化,其变化幅度为0.5%,但太阳常数从未超过每平方米1 367瓦特。在太阳黑子活动极小期,这一数值下降到每平方米1 365瓦特。

　　通常情况下太阳常数的这种变化对地球气候的影响几乎是难以察觉的,一方面因为这一数值变化非常小,另一方面也由于地球大气层对此变化做出的反应过于缓慢。当大气层终于做出反应,地球

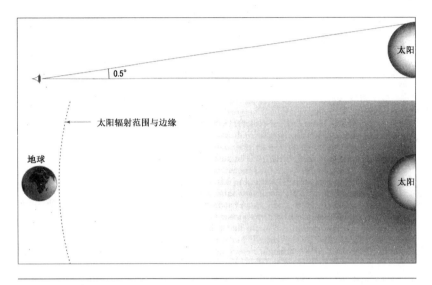

图25 太阳常数

太阳对向地表角度成0.5°的夹角。所以尽管太阳辐射出的热量是向四周扩散的,但到达地球的只是一小部分。

温度开始上升或下降时,太阳的黑子活动早就向另一方向发展了。然而在太阳黑子活动周期发生改变时,例如在蒙德尔极小期或太阳黑子数达到极大时,太阳常量的变化幅度则会加剧达到0.2%~0.6%,并且会持续相当长的时间,这时地球大气就会做出相应的反应,地球气候发生变化。

太阳黑子与云的形成

地球气候变化并非单纯只受太阳辐射多少的影响,在这一过程中还有一些其他因素在起作用。

太阳黑子实际上是发生在太阳光球层内的涡旋运动。天文学家们认为太阳黑子群有磁场特性，大多数黑子以偶数的形态出现，它们包括磁极性相反的两部分，磁场线从一个黑子穿出进入另一个黑子。一般来讲，太阳活动的其他现象基本上都与太阳黑子有关。当太阳黑子出现时太阳大气层中的带电粒子从太阳表面被喷射出来，形成太阳风，此时太阳表面亮度增加，红外线辐射增强。

　　宇宙射线中的带电粒子在接近地球时受太阳磁场和太阳风的共同影响产生偏离，被地球大气层捕获与大气层中的气体分子或原子相互作用形成极光。

　　除极光外，宇宙射线还可以同地球大气层中的原子和分子作用产生其他的粒子。这些粒子最终成为冻结核——它们使过冷水在其上面发生冻结，形成冰晶。当越来越多的冰沉积在冰晶上时就形成了云。当冰晶大而沉的时候就会形成密度大反射力强的云。在太阳黑子活动极小期，太阳风活动强度减弱，进入大气层的宇宙射线的数量增加，结果地球上的云层数量增加，生成的云厚而且反射力强；反之，当太阳风活动强度加强时云层的数量则减少。

　　云层对地球的地表温度和大气温度都有着直接影响，但人们目前对这一过程还不是十分了解。通常情况，距地表距离大的云淡而细薄，能透过较多的太阳辐射，但这些云对来自地表的红外线辐射有阻碍作用，因此提高了大气上层的温度。距地表距离小的云厚而且反射作用强，它们能反射太阳辐射，因而降低了地面温度。当然，水蒸气在凝结过程中释放出的潜热抵消了一部分云层对热量的反射作用。

　　在太阳黑子活动极小的年份，太阳风的活动强度也非常微弱，此时地球就会受到更多宇宙射线的攻击,云层形成的速度加快,地表温度下降,地球温度受太阳常数减少影响的效果愈加明显。由此看来,似乎太阳辐射强度对地球气候的影响远远超过了温室气体的影响。

联系还在继续

目前看来太阳黑子活动与地球气候之间确实存在着某种联系,而太阳风与地球云层形成之间的关系似乎更进一步印证了这种联系。1900年是太阳黑子活动极小期,当时地球温度普遍偏低。20世纪30年代,太阳黑子数量达到最大值,地球气候变暖;到了20世纪50年代和60年代,太阳黑子活动处于低潮,温度较低;到了70年代,黑子数量开始增加,并在80年代中期出现2次高峰期。90年代后期,太阳黑子的活动也有过2次高峰期,一次是在2000年,另一次在2001年末。到了2002年末,黑子活动减弱。照此形势发展下去,地球目前所经历的较为温暖的气候状况将在2010年前后结束并且从2020年开始地球进入低温期。

尽管太阳表面极细微的变化都会对地球气候产生巨大影响,但这并不意味着人类就可以忽略温室气体所引发的温室效应(参见"温室气体与温室效应")。因为从20世纪初开始,地球的每一个冷暖交替周期的温度都比前一个周期有所上升。人们还需要用时间来验证温室气体究竟对地球变暖起了多大的作用。也许当太阳活动再次减弱,太阳辐射再次减少的时候,我们才能知道地球变暖的速度究竟有多快。

中世纪暖期

　　位于美国伊利诺伊斯州的卡俄基亚土墩群历史遗址占地约2 200英亩（890公顷），具体位置在美国密苏里州的圣路易斯城东北8英里（13千米）处。该遗址属于密西西比文化，包括65个印第安原始部落建筑。这里最著名的建筑是蒙克斯土墩。它是一座高100英尺（30.5米），占地12英亩（5公顷）的金字塔形建筑。该土墩共分四层，在顶端有神庙的遗址。这是目前美洲最大的一座史前泥土建筑。在卡俄基亚土墩群历史遗址共有120座这样的土墩。1982年联合国教科文组织将此处定为世界文化遗址。

　　史学界对当时该城的人口数量说法不一。有人认为该城可能至少有4万多居民，而大多数历史学家则认为在鼎盛时期，这里的居民可能也只不过有1万到2万人。不过有一点可以肯定，这里是当时一处重要的城镇。

没有人知道历史上这个地方究竟叫什么名字。卡俄基亚只是一个印第安部落的名字，他们属于印第安人中的伊利诺部落，在17世纪法国人到来之前居住在这里。历史上真正居住在这里的人们很早以前就消失了，没有人知道他们究竟是去了哪里。考古学家通过挖掘发现这座城市大约在1100年左右最为兴盛。这里水源丰富，河流众多，河谷里遍布森林，其中以橡树和三叶杨为主。人们除种植玉米外还以打猎为生，主要的狩猎对象是鹿。

大约在1200年，这里的环境发生了改变：树木开始消失，鹿越来越少，取而代之的是草原植物和北美野牛。再后来，天气越来越干旱，对水需求量不大的低矮草木代替了原来高大的草木。

在当时的卡俄基亚周围还有许多其他的居住地和村庄。当玉米等庄稼因干旱而无法生长收获时，人们纷纷离开土地涌进规模大一些的定居点或城市。然而这些地方后来也逐渐凋敝了。最终到了1300年，当时最大的城市卡俄基亚也成了一片废墟。当法国人来到此处时，他们看到的只是零乱搭建的住所和各色的外来居民。

北美洲的干旱天气导致了卡俄基亚最后的消失，而导致干旱天气的罪魁祸首则是这里盛行的西风。一路从太平洋方向吹来的西风到达北美大陆西海岸后在穿越落基山脉时因气流上升而温度下降，失去水分，结果为落基山以东地区带来了丰沛的降水。随着西风风势的增强，北美内陆的雨影越来越深入。即便是在西风盛行的夏季，落基山脉以西地区的雨水也远不及落基山以东地区平均降水量的一半，而在卡俄基亚及周围地区，降水量则更是少得可怜，连一手指头都不到。

严冬

卡俄基亚的废弃标志着北半球温暖湿润气候的结束。此后地球经历了一个漫长的严冬，时间从3世纪后半期一直持续到9世纪，长达六百多年。在763—764年的冬天，欧洲大部分地区被冰雪覆盖，无数的橄榄树和无花果树被冻死。在859—860年的冬天里，靠近威尼斯的亚得里亚海完全封冻，冰面的厚度足以承载马车通过。1010—1011年的冬季，位于土耳其北部连接黑海和马尔马拉海的博斯普鲁斯海峡居然也结上了厚厚的一层冰，甚至在非洲埃及的尼罗河上也有冰层出现。

中国当时也经历了严寒天气的考验，大片大片的荔枝树和橘树被冻死。终于到了12世纪的时候，天气渐渐转暖。据日本京都皇家花园记载，此时日本的樱花终于又可以开放了，只不过时间比9世纪时晚了2个星期。

挪威的殖民与探险

同日本相比，欧洲和北美东部地区的好天气来得更快一些。865年左右，一个叫弗罗基·威尔戈德森的挪威人带着牛群来到冰岛想在这里开办养牛业，结果他看到的是白雪皑皑的峡湾和冰封雪冻的海面。他的牛群全部被冻死在这里。威尔戈德森只好回到挪威并且逢人便讲那是个冰天雪地的海岛，冰岛便由此而得名。没过几年，一个来自挪威西部名叫英格尔夫·阿纳森的部落首领带领他的家人和侍从又一次来到冰岛。这次冰岛的气候似乎变得友善了一些。最终他们在靠近今天冰岛首都雷克雅未克的地方安顿下来。

挪威人是第一批在冰岛建立殖民地的欧洲人,但他们并不是最先来到这里居住的人。早在790年就有来自爱尔兰的僧侣开始在这里定居,甚至在阿纳森等人来到冰岛的时候,仍然有僧侣在这里过着隐居生活。

早在地图和罗盘出现以前北欧的一些民族就已经开始了海上航行,其中尤以北欧海盗维京人最为出名。维京人又称斯堪的纳维亚人,他们在790年左右便开始了海上航行,并且专门在欧洲西部和北部沿海地区进行抢掠。此后维京人的船队又来到了位于芬兰和俄罗斯之间的白海。挪威国王(同时也是英格兰的国王)哈罗德·哈德罗德曾经在1040年至1065年之间带领船队到达过北冰洋,并且在新地岛或斯瓦尔巴群岛上岸。此后挪威的船队又到达过格陵兰岛,并最终到达巴芬岛以北纽芬兰岛以南的加拿大

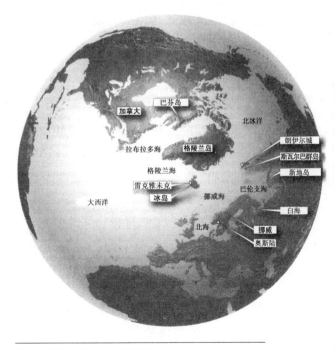

图26　维京人航海探险的范围

地区。有趣的是，当他们到达北美地区时他们将那里称为"葡萄园或酒园"。这也许是由于他们在当地发现了类似于葡萄一样的多汁味美的水果。图26显示了当时维京人航海探险的范围。

红头发的艾里克与格陵兰岛定居

艾里克本来是居住在冰岛的挪威人，由于他有着过分红润的脸庞，鲜红如火的头发以及一触即跳的性格，再加上他暴虐、冷酷的嗜杀本性，于是就有了"红发艾里克"这个绰号。一次他和邻居发生争执，结果大打出手杀死了2个人，艾里克被判过失杀人。由于他不服死刑判决，便被改判流放3年。没办法，艾里克只好坐船出发向西去寻找他朋友古伦比扬所说的那块曾被人见到过的大西洋中的一块土地。最终艾里克来到了今天格陵兰岛南端的Qaqortoq（也称犹连哈），并将该岛取名为格陵兰岛（英译为Greenland，绿色的岛），希望借此能诱惑其他人也来到岛上，免得一个人在这里孤孤单单的。

其实格陵兰岛在当时也真算得上是个吸引人的地方，至少在沿岸地区是这样。氧同位素记录显示，当时岛上的温度条件同其他地区相比还不算太冷。过了3年的流放生活之后，艾里克回到了挪威。这次他真的从挪威带回了同伴。在986年，艾里克组织了一支由25艘船组成的船队，载着准备在格陵兰岛安营扎寨的殖民者出发了，其中14艘船安全抵达。他们在岛上建立了两处殖民地并且逐渐发展起来，终于将格陵兰岛变成了生机勃勃的绿岛。据说在当时的西部殖民地有75处农场而在东部殖民地则有225处。1000年，莱弗·埃里克松将基督教引入格陵兰岛。1126年格陵兰岛有了第一位被委任的大主教。

有关挪威人在格陵兰岛上的殖民经历有许多历史记载，从中我们可以了解到当时格陵兰岛的气候远比现在温暖适宜。文献中有关艾里克重回格陵兰岛后的一件趣事便可以证明这一点。虽然这是在故事发生一百多年后才写进历史的，但仍然为我们研究当时的天气情况提供了线索。托克尔·法瑟克是艾里克的侄子，他随同艾里克的船队一起来到格陵兰岛并在此定居下来。一次法瑟克邀请他的外甥到他家共进晚餐，结果却发现他本打算用来招待客人的绵羊留在了峡湾附近的另一个岛上。当时附近并没有船只，于是法瑟克就下海游了2英里（3.2千米）抓了头绵羊又游回来。故事有趣又耐人寻味。要知道，如果当时的水温在50℉（10℃）以下的话，法瑟克根本就没办法在海里游这么长的距离，并且还游了个来回。今天格陵兰岛南部峡湾的海水即使在夏季也很少超过43℉（6℃），有时甚至比这还要低。如果今天还有人想效仿法瑟克的话，那他只可能因为体温降得过低而被冻死，那顿丰盛的羊肉大餐他算别指望了。

温暖的世界

当气候比此前或此后的时期都要温暖时，人们称之为气候适宜期。经历了漫长的严冬和低温期后，整个北半球的气候开始回暖，包括格陵兰岛和冰岛在内的整个欧洲终于迎来了一个温暖的气候适宜期。由于当时欧洲正处于中世纪，因而这段时间又被称为中世纪暖期。

从880年开始差不多200年的时间里,人们在挪威特隆赫姆等地种植小麦并在北纬69.5°的北极圈内种植大麦,这在今天看来是不可能的,因为这么高的纬度已根本不适宜任何耕种。不仅如此,农作物耕地的海拔高度也比以前高出330~660英尺(100~200米)。今天在英格兰岛海拔1 000英尺(3 000米)以上的高原旷野上仍能看到这些耕地和农场的遗址,范围之广几乎遍布整个英格兰地区,如西南部的达特沼泽和博德明高沼以及东北部的诺森伯兰等地。其实几乎在整个欧洲高原上都有这种农耕的遗迹。不过凡事都是有利就有弊。农作物的广泛种植最终引起了牧羊主的不满。据记载,在13世纪80年代时,牧羊主们曾对这种做法表示抗议,原因是羊群赖以生存的高地牧场正在被耕地所取代,草场正在一点一点地消失。

如今葡萄种植正在苏格兰南部地区渐渐兴起,葡萄园随处可见。虽然他们的葡萄也能发酵酿酒,但英国却不是一个以葡萄酒闻名于世的国家,原因在于这里的夏季光照不足,葡萄的含糖量低,酿不出香醇的好酒。虽然不断改良的葡萄品种和种植技术以及未来可能变暖的气候会使目前的状况有所改变,但这也不过是重演了中世纪时的一幕。 当时在英伦三岛上也有不少的葡萄园,有些葡萄园甚至在位于北纬53°的约克郡境内。一些河谷低地地区也都种上葡萄。今天这些地方被称为霜洼,因为夜间时冷空气会在这里下沉并积累形成霜冻,尤其是在晚春和初秋季节对葡萄的生长非常不利,有些葡萄甚至会被冻死。但在中世纪的时候,葡萄园主根本不必担心这些。事实证明,当时英国夏季的平均气温比现在高出1.26~1.8℉(0.7~1.0℃)。中欧地区的夏季平均温度也比今天要高出1.8~2.52℉

（1.0~1.4℃）。由于条件适宜，葡萄酒业在中世纪的英国蓬蓬勃勃发展起来，酿出的葡萄酒也味美香醇，以至于另一个葡萄酒生产国——法国不惜代价地企图用一纸条约来勒令英国人停产。

欧洲温暖干燥气候的出现与副热带高气压带的北移有关。气压带北移形成以亚速尔群岛、德国北部和斯堪的纳维亚半岛为中心的反气旋。气压带和风带分布的变化也影响到了亚洲地区。今天的柬埔寨、泰国和老挝地区在当时受反气旋控制，气候由潮湿转为干旱，热带雨林逐渐消失，取而代之的是以吴哥为中心的高棉帝国。

海平面的变化与降水量的增加

受陆地海拔高度变化的影响，海平面的高度也在不断变化。有时沿海侵蚀会使陆地高度下降，而冰期过后冰川的融化又会使海面上升，因而测量海平面高度变化是一件很复杂的事情（参见"海面在上升吗？"）。但有一点可以肯定，中世纪暖期时海冰和高山冰川的融化的确导致欧洲沿海地区的海平面上升。12世纪时，当时的佛兰德斯（今天的比利时）和荷兰的沿海平原不断受到水灾的困扰，人们不得不在海水泛滥时退向内陆而在海水退去时再回来重新开始生产和生活。许多人最后因为厌倦了这种洪荒水灾所带来的逃难生活而离开此地奔往他乡，于是大量移民涌入德国。今天比利时境内的布鲁日远离海岸，可在当时这里却是佛兰德人的一个重要港口。诺里奇是今天英格兰东部的一个内陆城市，但中世纪时这里却被一个峡湾连接而通向大海；金斯林在中世纪时还只是一个芦苇丛生的沼泽之地。英格兰境内的伊利因位于悬崖峭壁之上所以中世纪时干脆就是一个海岛。当诺曼底人大举入侵英格兰时，居住在这里的盎格鲁和挪威维京人后裔凭借地势与之对抗了10年之久。

地处内陆的湖泊河流也因降雨激增而水满为患。中世纪时，里海的海平面比现在高出26英尺（8米）；包括埃米尼奥河和圣里奥纳多河在内的西西里半岛上的河流在12世纪时可以通航，可今天这里连一条小船也难以通行；西西里首府巴勒莫市奥莱多河上的将军大桥建于1113年，可见当时这里的河面宽度远远超过今天。中世纪时，撒哈拉和印度西北部的半干旱地区的降水量也比今天多。

700年到1200年，北美洲中西部地区的草场被茂密的丛林所取代。生活在今天依阿华州某些地区的印第安人当时以种植玉米为生，而这些地区在今天则根本就没有雨水供这些作物生长。

衰落的开始

1200年到1250年，居住在格陵兰岛南端的挪威人与来自北方的因纽特人（又称爱斯基摩人）遭遇了。他们是居住在加拿大东部地区的因纽特人的一支，一直住在格陵兰岛的北端，很少向南活动。他们的文化与众不同，尤其擅长狩猎。然而随着海冰的南下，他们主要的狩猎对象海豹和海象的数量越来越少，因纽特人不得不离开他们一直居住的夸那克地区南下。至此，为中世纪欧洲带来勃勃生机的气候适宜期即将结束，气候转冷，严寒天气又开始了。

起初，挪威人和爱斯基摩人与外界一直有商船来往，但1350年左右一艘来自东部殖民地的船只来到了西部殖民地后发现这里除了绵羊以外所有的人都死了。人们认为这里可能是发生了瘟疫。后来他们又继续在岛上探索,结果却发现到处都是一片凋敝的景象。今天人们通过对当时人的头盖骨的分析得知,这里早期居民的男子平均身高是5英尺10英寸(1.78米),但到了15世纪左右则只有5英尺5英寸(1.65米)。显然,由于粮食经常短缺,这里的饮食营养明显下降。当时来往于冰岛与格陵兰岛之间的船只大致沿与北纬65°线平

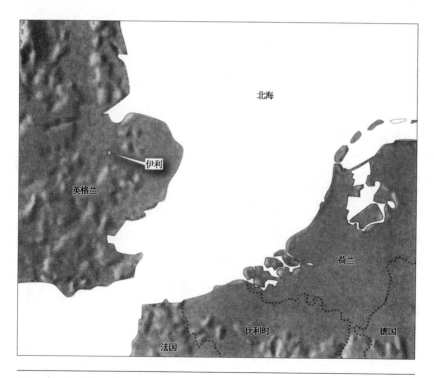

图27 比利时、荷兰和英格兰东部
这几个地区在中古温暖时期海平面都有所升高。

行的固定航线通行。但在1340年左右,航线向南偏移以避开越来越多的海冰。1369年,一只商船在与海冰相撞后沉没,此后便再没有船只在这一带出没了。1500年左右挪威与格陵兰岛之间的联系全部中断了。1540年,一艘来自德国汉堡的船只因遭遇大风而偏离了航线,在格陵兰岛的西部殖民地附近靠岸,结果他们除了一具尸首之外什么都没有找到。这里已经完全没有人居住了。至此挪威人在格陵兰岛的殖民历史彻底结束。一直到1720年丹麦和挪威联盟政府在这里设置了永久性贸易站之后,格陵兰岛才又开始了有人居住的历史。

冰岛的情况与格陵兰岛差不多。根据税务记录,1095年时冰岛的人口77 500人,而到了1311年则减至72 000人。冰岛四周经常有好几个月的时间都是被海冰围困,船只根本无法出海打鱼,贝类的生长也受到了影响。有时春夏两季温度过低以至于地上连草都不长,绵羊因此而死亡无数,冰岛人也面临着饥饿的危险。不过所幸的是,海冰在围困冰岛的同时也给这里的居民带来了意想不到的礼物——北极熊。于是北极熊的肉被用来当做食物而北极熊的皮毛则干脆就拿来做衣服,甚至在冰岛一些教堂的地上还有用熊皮做的地毯。由此可见,当时光临这里的北极熊的数量的确不少。

当欧洲和北美洲的气候越来越寒冷时,亚洲的气候则由干旱转为潮湿。1300年左右,茂盛的丛林又重新占据了吴哥周围的土地,高棉帝国淹没在一片林海当中。

中世纪暖期彻底结束了。

十一

小冰川期

冬之歌

当一条条冰柱檐前悬吊

汤姆把木块向屋里搬送

牧童迪克呵着冰冷的手指

挤出的牛乳凝结了一桶

刺骨的寒气泥泞的道路

大眼睛的猫头鹰夜夜高呼

哆——喝——

（莎士比亚《爱的徒劳》第二幕第五场）

在今天的英格兰，即便是在最寒冷的冬季，刚挤出的牛奶在从牛圈拿到屋里时也绝不可能结冰，可是在威廉·莎士比亚（1564—1616）生活的那个年代，这样的场景却绝对是伦敦的观众再熟悉不过的了，因为莎士比亚生活的年代正是小冰川期。

从1200年开始就初露端倪的严寒天气到1600年为止已经持续了相当长的一段时间,这期间海冰围困了冰岛并且阻断了它与格陵兰岛和挪威之间的联系,因纽特人也被迫从格陵兰岛的北端转移到了南端。

越来越大的暴雨

在欧洲南部,最早引起人们注意的气候变化不是温度而是凶猛的降雨,尤其是海上的暴雨。在13世纪,德国和荷兰的北海沿岸地区至少有四次被暴雨引发的洪水所淹没,每次都造成10万人左右的伤亡。而德国北部的石勒苏益格地区则分别在1240年和1362年发生过两次洪灾,庄稼全部被淹,农业收入减少一半以上。

洪水不仅造成人身和财产损失,同时还使地貌发生改变,有些地区干脆彻底被洪水淹没,从地图上消失了。赫里戈兰岛是一个距德国石勒苏益格-荷尔斯泰因州海岸30英里(50千米)的小岛,人口为1 650人。在800年的时候,这里的海岸线长度为120英里(193千米)。到了1300年,受暴雨影响,海岸线长度减至45英里(72千米),而到了1649年则是8英里(13千米)。今天这座小岛的全部面积加起来只有0.4平方英里(1平方千米)。在英格兰东部,持续的暴雨将约克郡的拉维堡港口和萨福克郡的邓里奇港口全部淹没。

凶猛的降水在13世纪时达到顶峰。此后,尽管暴雨发生的频率有所降低,但其强度仍足以为人类生活带来巨大的损失。

潮湿的夏天、微薄的收成与饥荒

与海上暴雨相伴的是陆地上的潮湿天气。1200年的春天,英格
兰暴雨不断洪灾连连。第二年的冬天也一样异常寒冷,放置在房间
和地窖里的啤酒全部冻成了冰以至于不得不按重量销售而不是论杯
销售。

祸不单行。暴雨和严冬过后是漫长的旱季。1212年的伦敦因
干旱而燃起一场大火;1214年泰晤士河因缺水连妇女和儿童都能蹚
河而过。虽然偶尔也能有阳光充沛庄稼丰收的时候,但这样的年景
实在是少而又少。受此影响,1258年英格兰出现了饥荒,而最严重
的一次是在1313年。这次饥荒足足延续到1317年的夏末。不仅是
英格兰,整个西欧都面临着饥荒的威胁,尤其是在1315年,欧洲全
境几乎颗粒无收。在此期间,饥民饿死无数,牛羊等牲畜也因缺乏
饲料和瘟疫流行而大批死亡。

气压带的分布在所有这些灾难中扮演了重要的角色。高压带在
北部控制格陵兰岛和冰岛上空而在南部则控制着亚速尔群岛,低压
带位于这两条高压带之间。这样的气压分布导致北风和东北风横扫
欧洲北部,结果来自北极地区的冷湿气团和来自东欧与亚洲的干燥
气团控制了该地区。天气在14世纪的后半期变得更加极端,不仅低
温期越来越长,干旱也越来越频繁,这其中尤以1343年、1344年、
1345年、1353年、1354年、1361年和1362年最为严重。

潮湿天气引发的疾病

潮湿阴冷的天气使各种细菌和真菌迅速滋生繁衍,人们不仅面临着饥荒,更面临着死亡。据统计,整个14世纪英格兰的人均寿命从48岁降到了38岁。由潮湿天气引发的各种疾病成了除饥饿之外人们所面临的最大的威胁。由麦角真菌引起的麦角中毒症有时能夺去全村人的性命。麦角菌寄生在黑麦里,能使麦粒变成深紫色。受麦角菌影响的黑麦能很快污染全村人赖以生存的口粮。由于麦角菌产生的毒素在粮食粉碎过程中不能被全部消灭,因而磨出的面粉也受到了污染。食用了用这种面粉做出的食物很容易引起痉挛,人会出现幻觉,胃部有烧灼感,手脚出现坏疽,并且几天内就会死亡。这种病又被称为圣安东尼之火,因为圣徒圣安东尼曾命人照顾这些患者,并且他本人也是感染了此病后死去的。

但是还有一种疾病比麦角中毒症更可怕——黑死病。黑死病是由老鼠所传播的一种瘟疫。黑死病一词在1823年时才开始使用,此前它被称为大瘟疫。1346年黑死病最先出现在乌克兰克里米亚的菲奥多西亚地区,之后迅速传遍整个欧洲,1356年感染苏格兰全境。据统计,当时全欧洲有1/3的人口死于黑死病。

边际土地上农业的衰退

14世纪上半叶欧洲北部和中部地区的农村人口大量迁出,许多村庄都被人遗弃。据统计,在被遗弃的村庄和定居点中,只有一小部分——约1/5是由于瘟疫造成的,更多的还是由于农业土地生产条件下降、粮种短缺、农民生活难以维系等因素。大批幸存的村民为躲避饥荒不得不逃往外乡。

人口迁移主要表现在高纬度地区农业生产边际土地上的人口流动。受天气转冷的影响,人们已不可能像中世纪暖期那样在这些地区开犁耕种。比如在挪威,大量的农村人口向南部和沿海地区迁移;其次,瘟疫为各地区带来的影响很不均衡。我们还是以挪威为例,有些地区死于瘟疫的人口达90%,但有些地区则几乎没有受到任何影响。结果在瘟疫流行区,大批土地因人口数量锐减而荒置,于是生活在其他边际土地上的人口便离开日益贫瘠的土地而迁至此处重新开始生活。

11世纪时受湿润天气影响,撒哈拉沙漠北部边界从未超过北纬27°,而且人们在沙漠中心的无人区偶尔还能见到成群的野牛出没,只是草场已开始消失。到了14世纪中期北非地区的天气也变得越来越干燥。人们在乍得湖附近找到的花粉颗粒表明,季风气候区所特有的一些植物从1300年开始逐渐从这一地区消失,1500年之后彻底灭绝。

冰川在前移

1550年之后气候明显变冷,1595年的5、6月间,冰川又开始前移。在瑞士,巴谷城附近冰川一直推进到德朗兹河地区,人们试图用筑坝拦河的方式拦住它,结果却是水坝崩塌,河水泛滥,巴谷城被淹。据记载，当时有70人死于这次灾难。1926年人们还在巴谷城的一座房子的房梁上找到了有关这次事件的记载，房梁上刻着："此宅由莫里斯·奥利亚特于1595年建成，是年冰川引发的洪水淹没了巴谷城。"1595年时的一次冰川活动使一个村子被彻底夷为平地，此后人们将这处荒地干脆就称为"冰川"。冰川在1774年时又堵住了德朗兹河使之变成了湖泊。从1815年起，冰川又继续向前移，一直到1818年才停止了推进。

阿尔卑斯山上的冰川从1550年起一直到1850年也在不断发展和扩张地盘，为许多地区带来灾难和损失。17世纪早期，法国小镇夏慕尼的冰川活动造成3个有几百年历史的村庄彻底被淹。资料显示，其中一个村子在1289年就已经存在了，并且从1384年起就向附近的一个小修道院缴纳税赋。1562年由于该村村民拒绝向修道院缴税还曾引起一次激烈的辩论，对此史料也有过详细的记载。另一个村子也从1390年起就有缴税记录。

斯堪的那维亚半岛上的冰川活动略晚于阿尔卑斯山地区。1694—1705年，冰岛的冰川活动摧毁了许多从1200年起就在这里出现的村庄。同时期挪威的冰川活动则是摧毁了大片的森林。20世纪40年代，人们从冰川后退留下的遗迹中挖出了这些树木后经过测算，这些树大多是在1500年到1700年之间死亡的。16和17世纪时期北美的冰川活动范围也远远超过它们现在的位置。

阿尔卑斯山山区的冰川活动在1850年之后便逐渐停止，但是随着气候的转暖，又一个让人头疼的问题接踵而至。比如夏慕尼冰川在移动过程中携卷了许多岩石。这些巨大的石块在冰川停止活动后形成终碛，时刻威胁着住在山脚下的村民。1852年9月，在热风和暴雨的作用下,包裹这些终碛的冰层开始融化,融化后的冰水夹带着岩石顺山势奔流直下,村民们不得不躲进地下室才得以幸免于难,村庄四周的道路则全部被毁。

低地上的严冬

除山区外,其他地区的冬天也不好过。16世纪后期法国南部的橄榄树遭霜冻大片死亡;罗纳河也曾7次封冻。在当时的佛兰德斯(今天的比利时),严冬还催生了风景画的另一画派。荷兰画家大皮埃特·勃鲁格尔(1525—1569)用作品再现了当时欧洲的一些冬季景象。他完成于1565年2月的名作《雪地上的猎人》表现的是迎面而来浓烈的寒冷气息,描绘了佛兰德斯有史以来经历的最漫长的严冬。在同期完成的其他作品里,皮埃特还描绘了穷人面临严寒的种种苦境,而这种苦境在佛兰德斯已是越来越普遍。

虽然温度在16世纪时曾有短暂的回升,但随之而来的则是更为寒冷的天气。小冰期最寒冷的时间是在1690年到1710年之间,此时正值蒙德尔极小期,太阳黑子活动非常少(参见"爱德华·沃尔特·蒙德尔与不稳定的太阳")。在苏格兰高地上,有些湖泊一年四季都有冰层覆盖,而凯恩戈姆山的山顶积雪也经年不化。这些都表明当时的温度要比20世纪时的平均温度低2.7~3.6°F(1.5~2.0℃)。

乘"五月花"号来到北美的欧洲移民也同样面临着严寒的威胁,他们中有许多人死于1607—1608年的严冬。当地的印第安人也未能幸免于难。在当时弗吉尼亚的詹姆斯城还出现了严重的霜冻。

冰上市场

现在看来,莎士比亚在剧中有关冰柱和冻牛乳的描写是准确而真实的,我们甚至可以想象他当时还极有可能在泰晤士河的冰面上行走过,因为从1564—1565年到1813—1814年的冬季,泰晤士河曾封冻二十多次。为了解决这一问题,人们在泰晤士河的支流上开通隧道将河水引为地下运河并重新整修了泰晤士河上的桥梁以便于涨潮时海水逆流而上冲开泰晤士河河面上的冰层。可这种做法在当时还引起了一场不小的骚动,原因是人们已经习惯于泰晤士河河面结冰时的生活了。当时商人们在冰面上开办了各种市场;滑冰等多种娱乐活动也给人们的生活增添了不少的乐趣;由于船只无法通行,有钱人干脆就驾着马车在冰面上跑。尽管当时还是天寒地冻,但诸如此类的种种乐趣还是使人们难以一下子接受新的变化。

荷兰是一个低地国家,运河交错。这些运河不仅仅是荷兰商业活动的交通动脉,更起着为荷兰低地地区排水的作用。在1670年到1700年之间以及1800年左右的寒冬里,这里的运河全部被冰封住了。运河的封冻对荷兰的经济和生活产生极其严重的影响。

气压带的分布

影响气候变化的气压带分布同样对北美洲地区也产生了影响,但与欧洲相比,其表现却有所不同。当欧洲的冬天寒冷而难熬时,北美洲则可能正处于暖冬。这是由于以格陵兰岛北部和冰岛为中心的高压带南移为横扫西欧的北极空气的南下铺设了通路。受此影响，冬季时伦敦的泰晤士河和瑞士境内的湖泊开始结冰，法国南部地区出现积雪；有时英国南部沿海地区的海面上冰层厚度可以承载一个成年男子的体重。与此同时，俄罗斯西部和拉布拉多地区受低压带控制，而北纬30°的大西洋中部地区则有高压带存在。位于大西洋中部的高压带为北美带来较温暖的空气，减缓了这里的严冬天气，但同时也使这里的气候较为干燥，这其中尤以1683—1684年的冬天最为典型。

北美洲地区也曾经历过欧洲那样的严寒，有时北极地区的冷空气南下至格陵兰岛北部后便停滞不动，此时在拉布拉多和冰岛上空有低压带形成，而欧洲南部和斯堪的纳维亚半岛则由高压带控制，这样的分压带分布使冰岛的冬天相对不那么寒冷，而北美冬季时的温度则下降明显。比如1684—1685年间，美国东海岸地区的港口全部结冰，很多人在波士顿港的海面上滑冰并开展各种游戏活动。

气压带的分布还使上述地区的夏季温度偏低，导致农业收成下降。苏格兰1700年的农业生长期比20世纪时整整少了5周。在最冷的年份，这里夏季的平均温度比现在低3.6℉（2℃），时间也短了2个多月。

农业的歉收除了会引起饥荒外，还带来了另一个令人意想不到的结果。1680—1720年之间，挪威的农业产量受天气影响明显下降，靠近海边生活的农场主们为了维持收入，开始砍伐其土地上的森林。为了将木材运往海外市场，他们开设了造船厂开始自己造船。于是挪威的造船业开始兴起。到18世纪中期，挪威已经成为世界上拥有最大的商船船队的国家之一。

天气的缓慢复苏与"白色"圣诞节传统的开始

　　气候在18世纪时开始复苏,但速度相当缓慢,并且各地的情况也不一样。1708—1709年的爱尔兰和苏格兰经历了一个较为温暖的冬天,但是佛兰德斯附近的海面仍然结冰,住在波罗的海附近的人们则可步行穿过洋面。泰晤士河在1716年仍然是冰封雪冻,潮水将冰层涌起13英尺(4米)高,但这并未影响人们在冰上市场的买卖活动。18世纪20年代和30年代的冬天,可说是英格兰在18世纪经历的最温暖的冬季,只是1725年的夏天温度创下了有史以来的最低点。好景不长,到了18世纪40年代,严冬又重新控制了英格兰,1740年英格兰全年平均温度创下了新的最低纪录,只有44℉(6.8℃)。

　　除了严寒和低温外,小冰期还给人们带来了另一种更为持久的影响——"白色"圣诞节。在今天的圣诞节卡片上几乎都有这样的画面:屋外白茫茫的一片,银装素裹,透过窗户我们却看到一个暖意融融的世界,壁炉里的火正旺旺地燃烧着。虽然这样的传统圣诞节的画面现在在英国已极为罕见,但是这一传统的起源却恰恰是在这里。这应归功于查尔斯·狄更斯(1812—1870)这位伟大的作家。1812—1819年英格兰经历了自从17世纪末期以来最寒冷的冬天,这段时间给狄更斯的童年生活留下了极深的印象,他将这段记忆写进了日后的成名作《圣诞故事集》中。这就是为什么我们心目中的圣诞节总是与雪联系在一起,并且出现在圣诞卡片上的人物也都穿着19世纪的衣服驾着雪橇出行的原因。

　　从1860年开始,阿尔卑斯山山区和斯堪的纳维亚半岛上的冰川开始后退。这期间有几年冬天的气温比较寒冷,如1894—1895年的冬季,泰晤士河的河面又出现了冰层;1924年人们可以从瑞典马尔默海峡的最窄处步行前往丹麦首都哥本哈根,有时甚至可以开车通过。虽然如此,地球气候还是渐渐走出了小冰期。1962—1963年冬季的气温虽然足以使泰晤士河河水结冰,但是排入河里的工业热水和改良后的水流量控制系统等却避免了这一景观的重现。泰晤士河河面冰封雪冻的景象永远地留在了过去。

尽管19世纪80年代和90年代的气候仍较为寒冷,但是气温却一直在稳步回升,只在20世纪40年代到80年代之间略有下降,小冰期终于结束了。但是没过多久,温室效应这一新的问题又摆在了人们的眼前。

十二
温室气体与温室效应

　　月球是地球的卫星，二者到太阳的距离几乎相同，吸收的太阳辐射也大致相当，但地球和月球的表面温度却相差悬殊。月球表面温度白天时可达212℉（100℃），而夜间则降到-274℉（-170℃），其温度范围远远超过地球。造成这种差异的原因是月球上没有与地球一样的大气层和海洋，月球表面的热量无法被储存和输送。但是不是有了大气层就可以避免温度的这种极端变化呢？答案是否定的。我们看一下金星的温度。金星表面的平均温度是867℉（464℃），这样的温度足以使铅熔化（铅的熔点是621.5℉或327.5℃），因此金星上的气候可谓炙热到极点。虽然金星距离太阳比地球近，吸收的太阳辐射比地球多，但是造成金星表面高温的主要原因是金星大气的构成。与地球相比，金星大气层的大气压是地球大气压的92倍并且主要成分是二氧化碳。

　　地球上的大气和海洋使地球吸收的热量得以被

输送至全球各处, 避免了温度的极端变化 (参见 "大气环流" 和 "海洋对热量的输送")。同时大气层像一层毯子一样包裹着地球, 使地表的热量不会像在月球表面一样完全散失。这就好比人身上盖了条毯子。人体温度使毯子纤维和人体与毯子之间的空气受热升温, 由于毯子是热的不良导体, 所以毯子里面的热量不会散失到外面。地球大气层起的作用跟毯子差不多。但是不是所有毯子的保温效果都是一样的呢? 这关键是要看毯子是由什么材料制成的。同样道理, 大气层的组成成分也很重要。如果地球大气中只有氮和氧的话, 地球上就不会有生命了, 即便有可能也不会过得太舒服。

有效温度

到达地球表面的太阳辐射是短波辐射。如果我们用地表接收的太阳辐射总量减去被云层、大气颗粒和地表所反射的辐射量, 那么剩下的就是地表所吸收的辐射量; 接着再从地表吸收的辐射量中减去被地表反射回空中的长波辐射, 那么剩下的就是使地表温度升高所需的太阳辐射。地表温度可以通过太阳常数被计算出来 (参见 "埃德蒙德・沃尔特・蒙德尔和不稳定的太阳")。我们用这种方法可以推算出全球的地表平均温度。这一温度被称为有效温度, 其数值大约是 1.4℉ (–17℃), 其中赤道地区和两极地区的温度会高于或低于这一数值。

应该说这只是从理论上对全球地表平均温度的推算, 实际情况并非如此, 否则地球就会永远处于冰期。现在地球表面的平均温度是 59℉ (15℃), 比有效温度高出 57.6℉ (32℃)。导致地表实际平

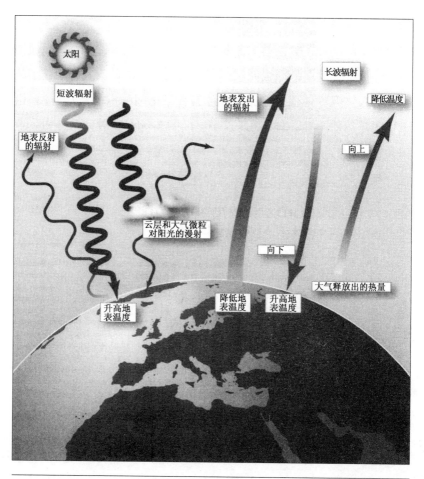

图28 温室效应

均温度与有效温度之间差异的原因在于地表所反射的长波辐射不是
被直接反射回太空而是被大气层吸收了。大气层中吸收长波辐射的
不是氮、氧等主要成分,而是水蒸气和其他一些微量成分。它们吸
收长波辐射后大气温度上升,而大气温度上升后又将热量向四周辐

射。其中一部分热量进入太空，另一部分热量则又回到地表并被地表吸收，因此地表实际平均温度高于有效温度。图28是对这一过程的简单示意。

辐射的释放与吸收

当地表温度高于周围大气温度时，地表会辐射出波长与其温度成正比的红外线，红外线波长范围在3~30 μm之间（μm是微距计量单位，代表长度为百万分之一米）。其中波长为10 μm的红外线辐射能力最强。从图29中我们看到，水蒸气主要吸收波长为5.3~7.7 μm和20 μm以上的红外线辐射，二氧化碳吸收波长为13.1~16.9 μm的红外线辐射，臭氧吸收波长是9.4~9.8 μm的红外线辐射。 波长为8.5~13.0 μm的红外线辐射没有被大气中的任何气体所吸收，它们逃逸出大气层进入太空，这个波段被称为"大气之窗"。

水蒸气、二氧化碳、臭氧或其他气体分子吸收红外线后温度上升并通过空气流动向周围辐射出热量。其中一部分辐射会直接向上进入太空，还有一部分被周围的空气分子吸收。这些空气分子吸收辐射后温度上升并且也向四周辐射出热量；剩下的部分则向下返回地面重新被地面吸收。在这一系列过程中红外线的波长不断发生变化，当其波长介于8.5~13.0 μm之间时，这些红外线就会从大气之窗逃逸后进入太空。以上这些过程使地表与大气之间以及大气与大气之间实现了热量的交换，延缓了到达地表的太阳辐射最终回到太空的速度。

白天时，地表吸收太阳辐射温度上升，尽管温度升高后地表也

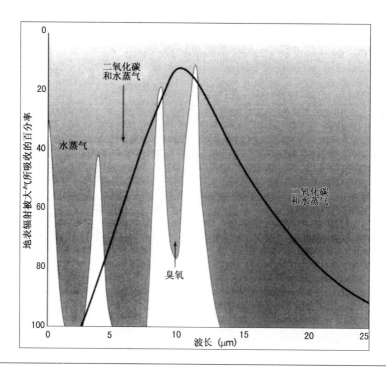

图29　温室气体对地表辐射的吸收
曲线代表来自地表的辐射，波长为 10 μm 的红外线辐射能力最强。阴影代表大气中特定成分所吸收的特定波长的地表辐射。

向外辐射热量，但速度远远赶不上对热量的吸收，所以地表温度和接近地表的大气底层的温度在午后2、3点钟达到峰值。随着日落后太阳辐射强度的减弱，地表吸收的热量开始少于地表辐射的热量，温度逐渐下降。第二天日出后，随着太阳辐射强度的增加，地表吸收的太阳辐射又开始大于地表释放的辐射，温度回升。从图30中我们看到在上午9点到下午4点之间地表吸收的辐射大于释放出的辐射，地表温度稳步上升。从下午4点开始到晚上9点，地表吸收的辐

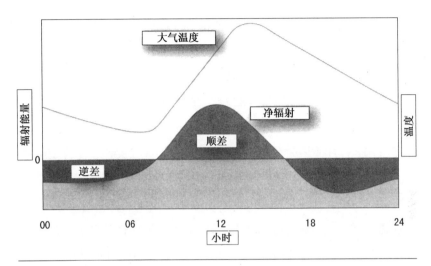

图30　日间的太阳辐射与地表温度

射小于释放出的辐射，出现逆差，温度逐渐下降。但是这只是地表辐射的一般情况。北半球在春分和秋分之间即3月到9月时昼长夜短，地表吸收的辐射热量远远大于它释放出的热量，所以在仲夏时分热量平衡的正值达到最大值，天气酷热；而从秋分到春分之间即9月到3月时夜长昼短，地表吸收的辐射少于释放的辐射，天气寒冷。

吉思-巴茨特·傅里叶、约翰·廷德尔与温室效应

吉思-巴茨特·傅里叶（1768—1830）不仅在学术上卓有建树，他的个人经历也颇富色彩。他是法国大革命的坚定支持者并为此而被抓坐牢，险些上了断头台；但他后来却又追随拿破仑并随同他一起远征埃及，为此拿破仑封他为男爵后又封他为伯爵。此外，傅里

137

叶还是巴黎著名的伊科理工学院的分析学教授。他一生在学术上获得过许多的荣誉和称号。

地球大气吸收来自地表的辐射后温度上升，这种效果更容易使人联想到温室而不是毯子。1822年，傅里叶首先提出了"温室效应"一词，认为热的传导方式可以通过数学方式被描述出来。经过多年研究后，1822年《热的分析理论》终于出版（1822年出版的是法语版，该书的英语版在1827年时出版）。这本书被称为是19世纪最有影响力的科学著作之一。傅里叶在书中提出地球大气层就像温室的窗玻璃一样，太阳辐射进入大气层时没有受到任何阻碍，但大气层却对来自地面的辐射有保留和阻碍作用。其实傅里叶的比喻并不是十分恰当，因为玻璃只能使太阳的短波辐射进入温室中，而长波的红外线辐射则无法全部通过玻璃进入，而且温室里温度高的真正原因不是里面的热空气跑不出去而是外面的冷空气无法进入。虽然如此，傅里叶最先提出的温室效应一词还是逐渐被人们所接受，而产生温室效应的气体就被称为温室气体。

傅里叶没有认识到温室效应的产生是个别气体在从中作祟，他认为这是大气中所有气体共同作用的结果。此后爱尔兰物理学家约翰·廷德尔（1820—1893）对这一问题做出了较正确的解释。

廷德尔通过对地表红外线辐射的研究发现，虽然氧气、氮气和氢气是透光的，对红外线辐射不起阻碍作用，但水蒸气、二氧化碳和臭氧则是不透光的，对红外线辐射有阻碍和吸收作用，所以廷德尔提出如果没有水蒸气的话，地球表面将永远处于冰冻状态。他还推测了大气成分发生改变后会给气候带来的种种影响。他在历史上第一次提出人类活动可能会对气候产生影响和改变。不过廷德尔是一个研究兴趣非常广泛的人，因此他对自己提出的这一说法并未进一步探讨和研究。

斯凡特·阿列纽斯

　　对廷德尔的假设做出进一步研究的是瑞典的物理化学家斯凡特·阿列纽斯（参见补充信息栏：斯凡特·阿列纽斯）。当时瑞典斯德哥尔摩物理学会的会员们就冰期的起因进行了广泛的研究，说法不一，阿列纽斯当时也参与其中，并且认为导致地球过去冰期发生的原因是二氧化碳含量的变化。这种说法虽然有失偏颇，但颇有独到性。现在科学家们认为冰期的开始与结束可能同地球公转和自转有关（参见"米路廷·米兰科维奇与天文周期"），但他们也认为大气中二氧化碳含量的改变也许会在很长一段时间之后对地球的气候产生影响。在对冰期的研究过程中阿列纽斯还预言，由于当时欧洲、北美以及后来全球性的工业发展均是以燃煤作为动力来源和基础，燃烧过程使碳氧化成二氧化碳并释放出大量的热量，所以在20世纪时大气中二氧化碳的含量还会继续增加。

补充信息栏　斯凡特·阿列纽斯

　　斯凡特　奥古斯塔　阿列纽斯（1859—1927）是瑞典的物理化学家，出生于瑞典乌普萨拉郊外的一处农庄里，

1860年时随父母进城生活并在乌普萨拉读完了中学和大学。他的博士学位论文《论电导率》在1903年为他赢得了诺贝尔化学奖，但当初这篇论文却差点被导师宣判为不及格。阿列纽斯的一生都是在瑞典度过的，先后担任过斯德哥尔摩大学物理学的讲师和教授。从1905年起他还担任了诺贝尔大学的物理化学学院院长一职，一直到去世前不久才卸任。

19世纪90年代，阿列纽斯在对大气的研究过程中分别计算了大气中二氧化碳含量达到67％、150％、200％和300％时地球温度的变化。在此基础上他计算了从北纬70°到南纬60°之间13个纬度带的四季气候变化以及每个纬度带的年均温度变化，提出如果大气中二氧化碳的含量增加一倍的话，那么赤道地区的地表温度将上升8.91°F（6.95℃），而北纬60°地区则会上升10.89°F（6.05℃）。阿列纽斯是第一个就二氧化碳与地球气候之间的关系进行研究的科学家。1896年他的研究论文《空气中的碳酸对地面温度的影响》发表在《哲学杂志》第41卷237—271页上。

阿列纽斯本人是个乐天派，兴趣广泛，交友无数，他不仅是一个杰出的大学教师，同时还是一个受大众欢迎的科普作家，出版了许多有关毒物学、免疫学和天文学方面的作品。针对地球生命起源的问题，阿列纽斯第一个提出地球上的生命可能来自漂浮在太空中的孢子；他还热衷于对火星生命的探讨。也许是讲课和出书使他过于劳累的缘故，阿列纽斯晚年的健康状况一直不好，68岁时便去世了。

弱早期太阳佯谬与盖娅假说

有种观点认为宇宙中的星体在发展演变过程中，随着时间的流逝温度也会逐步上升变得越来越热。弱早期太阳佯谬认为，在大约35亿年前，当地球上出现了最早的单细胞生物时，虽然太阳的温度要比现在低25％，但地球当时的温度与现在并无大的差异。他们提出这一观点的依据是在海底沉积岩中找到的38亿年前的岩石。这些沉积岩最早是堆积在海底和湖底的沉积物，它们当中的矿物质来自陆地上的岩石。这些矿物质在雨水和风力的作用下与岩石分离，随地表的河水注入海洋。这些海底沉积岩的存在证明在当时的地球上有液态水存在，气候不是极端寒冷，地球表面并未被冰层覆盖。

很久以前太阳的辐射强度远远不如现在，但地球温度却与现在相差不多，这两者之间似乎彼此矛盾。弱早期太阳佯谬认为导致这种现象的原因是地球大气中二氧化碳的含量比现在多，由此产生的温室效应维持了当时地球大气的温度。

此后太阳辐射强度逐渐加强，但由于大气中的二氧化碳不断地被地球上的生物所利用，减弱了温室效应的影响，所以地球上的温度并未大幅度上升。除了"雪球地球"和"温室地球"这两个特殊的阶段外，地球上的温度变化始终没有超过生物体生存的极限（参见补充信息栏：雪球地球与温室地球）。

大气中二氧化碳含量的减少是一个自然发生的物理和化学过程，但生物体参与其中后其速度大大提高。二氧化碳可以溶解于水，在与云内悬浮的液态水粒子云滴结合后形成碳酸，即 $CO_2 + H_2O \rightarrow H_2CO_3$，碳酸随同降雨到达地面后汇同河水等流入海洋，有一部分在海底沉积后形成碳酸盐岩（参见"碳循环"）。碳在这一过程中的消耗速度远远大于用物理和化学等方式所消耗掉的碳。生物体的参与加速了大气中二氧化碳的消耗，维持了生物体生存所需的气候条件，在此基础上，英国地球物理学家詹姆斯·拉夫洛克提出了"盖娅假说"。

阿列纽斯曾经提出大气中二氧化碳含量的改变会对地球气候产生影响，但要想知道确切的结果必须先测出二氧化碳对红外线辐射的吸收能力究竟有多大。美国天文学家和物理学家塞缪尔·皮亚波特·兰利（1834—1906）首先解决了这一问题。通过兰利的计算结果，阿列纽斯推演了二氧化碳含量的改变给地球上13个不同纬度地区的四季气候带来的影响以及每个纬度地区的年度气候变化。在既没有电子计算器也没有计算机的年代，阿列纽斯全靠铅笔和纸进行了上万次的演算，其艰苦程度可想而知。

阿列纽斯通过计算后提出工业燃煤对气候的影响是一个漫长的过程，同时随着燃煤量的增加，低质煤和深层煤的开采越来越不合算，所以大气中二氧化碳含量将逐渐停止增长，世界变暖的趋势最终会得到遏制。

在世界各地都有被地质学家称为漂砾的冰川沉积物，这些岩石的历史长达 5 亿到 10 亿年。科学界对这些岩石的形成和起源说法不一，有些人认为这些岩石说明除了极个别海拔较高的山峰外，地球曾经被厚厚的冰层所覆盖。美国加州理工学院的乔 科什维克将处于这段时期的地球称为"雪球地球"。

科什维克认为在 7.5 亿年前到 5.8 亿年前之间，地球上陆地的分布与今天不同并且陆地部分的降雨量非常大，雨水将空气中的二氧化碳带至地面并最终流入海洋。随着大气中二氧化碳含量的减少，大气温度下降，地球表面的平均温度只有 –58 ℉（–50℃）。最终当洋面完全被冰层所覆盖时地表再也没有水汽蒸发至空中，降水停止了。

虽然海洋表面出现了厚达 0.6 英里（1 千米）的冰层，但地球内部地壳活动释放出的热量没有使大洋中的海水完全冻结，火山喷发也不断释放出新的二氧化碳气体。由于降水停止，这些二氧化碳在大气中的含量逐渐增加。经过大约 1 000 万年左右的累积终于引发了强烈的温室效应，覆盖地球表面的冰层开始融化。又过了几百年，冰层全部消失，大气温度上升，达到 120 ℉（50℃）。此时地球变成了"温室地球"。

高温产生了大量的水蒸气。水蒸气凝结成云后降雨重新出现，二氧化碳再次被雨水带至地表，大气温度逐渐下降趋于稳定。学术界对"雪球地球"和"温室地球"理论一直都存有争议。许多气候学家认为尽管当时地球的气候非常寒冷，但并不是所有的地表都被厚厚的冰层所覆盖，也许应该用"雪泥地球"一词来形容当时的地球更为恰当。

补充信息栏　盖娅假说

美国宇航局在20世纪70年代曾向火星发射过海盗号无人探测器，在该计划的准备过程中，宇航局顾问詹姆斯·拉夫洛克与哲学家迪安·希区柯克以及其他人曾讨论过如何识别其他星球上是否有生命存在。如果有的话，由于外星生命与地球生命可能完全不同，应该如何去识别它们呢？拉夫洛克等人认为：任何生命都会吸收来自周围环境的化学物质（如氮或某种化学能量）同时又将代谢的废物排放到周围环境中。这些活动应该会使周围环境的化学组成发生改变，并且这种改变与物质单纯通过化学或物理变化所达到的物质平衡应该有明显的区别。

由此出发，科学家们进一步推断生物体引起环境改变后，这些生物体的各种活动，如呼吸、消化和排泄等会将这种改变继续下去使之适应其生命活动，因而他们得出结论认为：在有生命存在的星球上，生物体使周围的环境发生了变化使其更适应生物自身的存在和发展，也就是说星球上的一切事物都受生物体的支配和调遣。

以地球为例，在生命没有出现以前，地球大气中如果含有氧的话，那么氮和甲烷的含量就会非常少，因为氧气会使氮和甲烷氧化并消失。同样，由于闪电的催动，氮气变成可溶解于水的硝酸并随同降雨来到地面而甲烷则转化成二氧化碳和水，所以大气中也不可能有氮和甲烷存在。但是今天大气中存在的氮和甲烷含量则说明这些气体正不断地被重新释放回空气中。这一结果不可能单纯依靠化学反应才能实现，一定有生物作用参与其中。不仅如此，这些生物还通过吸收和释放二氧化碳以及对海水含盐度的调控等改变着大气底层的温度。与此形成对比的是金星和火星。由于没有生命存在，这两个星球上的大气成分始终维持着化学平衡，没有任何变化。

拉夫洛克的朋友、英国小说家威廉·戈尔丁听说拉夫洛克的想法后建议他用盖娅来命名这一理论。盖娅是希腊神话传说中的大地女神，古希腊人用以代表大地和大地上的所有生命（包括人类）所组成的大家庭，于是我们就有了今天的"盖娅假说"。之所以叫假说是因为这只是一个试验性的解释，其正确程度还有待通过实验来进行验证。

盖娅假说由两个部分组成：一个是弱理论，认为地球上包括碳、氮、磷、硫、碘在内的所有化学成分都是盖娅这个生命体的一部分并在海洋、大气和岩石之间循环往复，其运动的动力来自生物体的各种活动。如果地球上的生物消失了的话，那么地球环境将大变样。另一个是强理论，认为地球本身就是一个大的盖娅生命体，这个生命体是一个可以自我控制的系统，对于外在或人为的干扰具有整体稳定性的功能。

盖娅假说还认为细菌生物可以被用来清除大气污染，同时海水中铁含量的增加可以刺激海藻生长，减少大气中二氧化碳的含量，使地球温度保持稳定。盖娅假说的出现使人们开始考虑生物作用对地球某些现象的解释能力。然而它也遭到了许多人的质疑，有些科学家认为这一理论还需要更进一步的证实，而有些人则干脆对其投反对票。

温室效应增强与全球变暖趋势

温室效应其实一直都在影响着地球的气候系统，只是近年来受工业革命和人类活动影响变得更为明显。二氧化碳是众多温室气体之一，大气中的其他气体同样也可以引发温室效应，人们将其称为温室效应增强。

水蒸气是对气候影响最为明显的一种温室气体，但是长久以来人们并未将其列入温室气体的名单,原因是大气中水蒸气的含量很不稳定并且地区之间分布不平衡,不易被人类测量和控制。其他的温室气体虽然不如二氧化碳在大气中所占的比例高,但它们对热量的吸收能力却不容忽视。假设二氧化碳的吸收值为1,那么其他这些气体的吸收值则是它的倍数,这些倍数被称为全球变暖趋势(GWP)。在表6中我们列出了其他温室气体的GWP值。

表6　主要温室气体的全球变暖趋势

温室气体	GWP
二氧化碳	1
甲　　烷	21
一氧化二氮	310
CFC—11	3 400
CFC—12	7 100
全氟化碳	7 400
氟 化 烃	140~11 700
六氟化硫	23 900
五氟化硫三氟化碳	18 000

大气中甲烷(CH_4)主要来自牛、羊等反刍类动物和白蚁。反刍类动物消化系统中的纤维素被细菌分解后会释放出甲烷;白蚁则是在消化木材时释放出甲烷;在泥土和水稻田中也有释放甲烷的细菌存在。甲烷还是天然气的主要成分,煤气管道泄漏时也有甲烷气体进入大气。

一氧化二氮(N_2O)来自热带雨林的土壤、热带草原的干旱土地和海洋，另外化肥、硝酸和尼龙制品的生产也会释放出一氧化二氮。安装有三效汽车催化转化器的汽车所排放的尾气中也含有这种气体。

CFC—11（CCl_3F）和CFC—12（CCl_2F_2）是氟利昂（CFC）的主要化合物，它们最初作为气溶胶喷射剂被广泛应用于冰箱、制冷机、空调以及灭火器和塑料泡沫的生产。由于氟利昂能够破坏臭氧层，目前许多国家已经禁止其生产和使用。

全氟化碳（CF_4 和 C_2F_6）是一种无毒亲氧物质，在医学上被用来治疗肺部损伤。六氟化硫（SF_6）和五氟化硫三氟化碳（SF_5CF_3）是全氟化碳与六氟化硫反应后的化合物，主要用于工业生产。氟化烃物质（主要是$CHCl_2F$，CH_3CClF_2，CH_3CCl_2F）被用来替代氟利昂。

十三

碳循环

碳在大气中以二氧化碳（CO_2）的形式存在，而二氧化碳主要来自火山喷发所释放出的气体。早期地球上的火山活动远远多于今天。存在于地下岩浆库里的岩浆承受着巨大的压力，当熔岩库里的压力大于它上面的岩石顶盖的压力时，岩浆便向外迸发成为一座火山。随着压力的消失，滚热的岩浆四处流淌，包括二氧化碳在内的一些易挥发物质会蒸发进入大气。由于缺乏光合作用，大气中二氧化碳的含量越积越多。今天虽然火山活动减弱了许多，但仍不时有火山会喷发，每次喷发都会有二氧化碳气体进入大气层。

地球的所有生物组织中都含有碳。食草动物通过食用植物而吸收它们身体所需的碳，食肉动物和食虫动物虽然以食草动物为食，但它们也是在以间接的方式吸收碳。

绿色植物吸收二氧化碳后将碳和氧分离，碳与植物吸收的水分子中的氢结合形成糖，这一过程被称为光合作用（参见补充信息栏：光合作用）。氧气是植物在光合作用中释放出的"废物"。气生藻类（也称藻青菌）是地球上最早进行光合作用的植物。它们吸收大气中的二氧化碳，释放出氧气。经过几千万年的努力我们今天的大气层终于形成了。目前地球大气中氧占20.95%而二氧化碳所占的比例非常少。

呼吸作用

脂肪、糖类和淀粉等碳水化合物为生物的所有活动提供能量，即便一个人躺着一动不动他也需要能量维持其生命。基础代谢率（BMR）是生物所需能量的最低值。就人类而言，尽管存在个体差异，但我们的BMR值大约是每人每天1 200~1 800千卡（500万~750万焦耳），这是一个人连续12个小时不进食并且一动不动地睡上8个小时所需的能量。

碳水化合物以缺氧呼吸和需氧呼吸两种方式为生物提供能量。需氧呼吸中的氧来自空气和水中溶解的氧，缺氧呼吸中的氧来自氧的化合物。发酵是典型的缺氧呼吸方式，这种方式只被少数单细胞生物在无氧的情况下使用，其能效较低。需氧呼吸需要有氧气参与其中，它是所有动植物所采用的方式。需要指出的是呼吸作用和我们普通意义上所说的呼吸不一样。我们所说的呼吸是指通过肺或腮的运动使空气或水进入生物体内以便使其中的氧被输送到血管之内。呼吸作用则是通过一系列的化学反应释放出能量将磷酸酯原子聚合成二磷酸腺苷（ADP）之后再转化为三磷酸腺苷（ATP）。当机体出现能量不足时，三磷酸腺苷分解成二磷酸腺苷（ADP←→ATP）释放能量。二磷酸腺苷和三磷酸腺苷之间的转化是所有生物进行能量代谢的方式。

呼吸过程就是碳被氧化的过程。呼吸过程中碳被氧化后形成二氧化碳，它是呼吸作用所产生的废物。我们用人类所使用的需氧呼吸来说明一下这个过程：$C_6H_{12}O_6 + 6O_2 \rightarrow 6CO_2 + 6H_2O$。

从公式上我们可以看出，通过光合作用所消耗掉的二氧化碳最终通过呼吸作用又回到了空气和水中。

补充信息栏 光合作用

所有的气生藻类、绿色植物以及某些细菌通过阳光吸收能量后将二氧化碳和水合成产生糖的过程被称为光合作用，即 $6CO_2 + 6H_2O +$ 太阳光 $\rightarrow C_6H_{12}O_6 + 6O_2\uparrow$。其中↑表示氧气作为气体被释放出来，而 $C_6H_{12}O_6$ 则是葡萄糖，它属于单糖的一种。

光合作用可分为光反应和暗反应两个部分，光反应需要阳光而暗反应则不需要。我们在图31上可以看到对这个阶段的简单示意。

气生藻类中含有的叶绿素和植物细胞中的叶绿体能够吸收太阳光。从一个叶绿素分子中逃逸的电子被相邻的叶绿素分子捕获并沿着电子传递链从一个分子传向另一个分子，最终被用来分离植物吸收的水分子，即 $H_2O \rightarrow H^+ + OH^-$。氢氧基 OH^- 将多余的电子传给失去一个电子的叶绿素后再合成水，释放出氧气，即 $4OH^- \rightarrow 2H_2O + O_2\uparrow$。氢原子与辅酶 NADP 结合形成还原辅酶 II NADPH，为暗反应提供还原剂。NADPH 在暗反应过程中失去氢变成 NADP 又回到光反应阶段。这就是光反应的全过程。

在暗反应阶段，CO_2 分子在催化剂二磷酸核酮糖的羧化

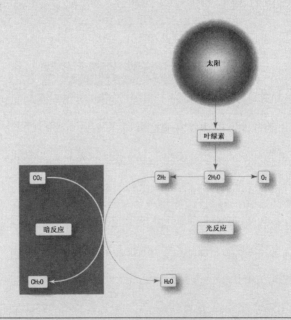

图31　光合作用
光合作用可分为光反应和暗反应两个部分。光反应阶段水分子被分解成氢和氧；暗反应阶段二氧化碳中的碳被用来合成糖。

酶（rubisco）的作用下与二磷酸核酮糖（RUBp）分子结合，随后CO_2分子中的碳发生一系列化学反应合成三碳化合物3-磷酸甘油醛。该产物随后发生一系列的反应产生葡萄糖并重新生成二磷酸核酮糖等其他的化合物。二磷酸核酮糖接着再发生其他的反应。光合作用中光反应和暗反应的循环又被称为尤尔文循环，用以纪念第一个发现此过程的美国生物化学家马尔文·尤尔文（1911—1997）。

碳库

由于参与碳循环的始终是碳而不是氧，因此碳循环过程中所计算的始终是碳参与的数量而不是二氧化碳的数量。地球上总共有10^{17}吨的碳，它们中的大部分都以化石燃料和石灰岩等碳酸盐岩石的形式存在。白垩岩属碳酸钙的一种，是一种很常见的岩石，由海洋生物的外壳化石组成。碳、煤、石油和天然气等化石燃料含有$4×10^{12}$吨的碳，它们大部分由动植物的遗骸分解后形成。甲烷水合物含有的碳为$8×10^{12}$吨，它们主要存在于冰晶结构之中，分布在海底和部分的陆地沉积岩中。岩石、化石燃料和甲烷水合物组成了地质碳库。

大气中二氧化碳的含量是0.037％，而一氧化碳和甲烷的含量则更少。尽管如此，大气中的碳库含量也达到了7 300亿吨。这只是一个平均值。受四季变化的影响，碳在大气中的含量每年都会发生变化：夏季时植物生长茂盛，光合作用消耗的碳大于呼吸作用所释放出的碳，大气中碳含量减少；冬季时植物光合作用减弱甚至停止，呼吸作用活跃，大气中新增加的二氧化碳含量超过被消耗掉的二氧化碳的数量，碳含量增加。

地球上大部分的碳还是储存在海洋当中。空气中的二氧化碳溶解于水后形成溶解的无机碳（DIC）。另外，水中的微生物、植物和动物的身体组织里也含有碳。它们所产生的废物及死后的遗骸等也含有碳并溶解于水，被称为溶解的有机碳（DOC）。河水将无机碳和有机碳带入海洋，所以海洋中的碳库大约为3.8万亿吨。

陆地上的碳库由土壤和有机物组成，其中土壤中的碳含量为1.5万亿吨，有机物所含的碳为5 000亿吨，其中大部分是来自植物。土壤中的碳有两个来源：一是有机物死亡后分解产生的碳；二是土壤颗粒间的空隙容量所吸收的大气中的二氧化碳。

碳循环——源与汇

光合作用和呼吸作用是碳循环的两个主要组成部分。二者每年吸收和释放的二氧化碳含量相差无几，大约是1 200亿吨。每年海洋所溶解的二氧化碳是900亿吨，而同样数量的二氧化碳最终又从海洋回到空气中。

碳循环还包括一些小的组成部分。陆地植物死亡后被分解出的碳有些不能直接进入大气，其中约有4亿吨的碳以有机碳的形式进入河流并最终随同河水注入海洋。

雨水中的碳酸会与岩石中的碳酸钙发生反应,所以暴露于空气和水中的碳酸盐岩石也会释放出二氧化碳,这一过程被称为风化。风化作用每年所产生的碳为2亿吨。这些碳被海水带入海洋。海洋生物死亡后所分解产生的二氧化碳每年为海洋增加2亿吨的碳,所以海洋每年吸收的碳的总量大约为8亿吨。这其中有2亿吨沉积在海底最终形成碳酸盐岩层,其余的6亿吨会再度回到空气中。

已经死亡的植物有一小部分被埋在地下,处于真空状态,有些还在河口和湖底形成实心泥,有些变成化石并最终变成煤和泥炭。参与这一过程的碳约为3亿吨。火山喷发平均每年产生1亿吨的碳。

以上是自然界碳循环的全过程,图32是对这一过程的简单示意。碳循环过程中向大气释放碳的环节被称为碳源,而吸收碳的环节被称为碳汇。表7列举了自然界碳循环中主要的碳源和碳汇及其碳含量。

表7 自然界碳循环

碳 源	年释放量(10亿吨)	碳 汇	年吸收量(10亿吨)
呼吸作用	132	光合作用	132
海 洋	99.66	海 洋	99
火 山	0.11	沉积成岩石	0.22
风 化	0.22	风 化	0.22
海洋生物分解	0.22	来自陆地的有机碳	0.44
		化石作用	0.33
总 量	232.21		232.21

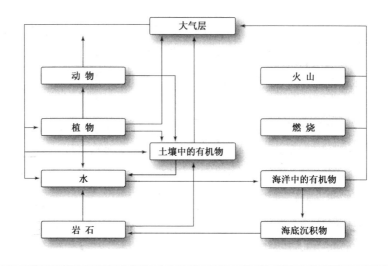

图32 碳循环

碳在大气中始终处于运动状态并被植物吸收利用。动植物将碳传给土壤中的有机生物和海底沉积物后又通过呼吸作用将其释放回大气。

碳酸盐分解水层与碳酸盐代偿深度

碳的分解受温度和压力影响。二氧化碳在低温和高压状态下易溶解于水。罐装碳酸饮料打开时发出的嘶嘶声就是由在压力作用下溶解于水的二氧化碳发出的,这样的饮料喝起来常常是凉丝丝的。饮料打开时冒出的气泡是二氧化碳进入空气时产生的现象,如果开盖之前将饮料加热的话,那么气泡就变为了泡沫。

二氧化碳的水溶液含有带正电的氢离子(H^+)、带负电的重碳酸盐离子(HCO_3^-)和碳酸,所以二氧化碳的水溶液呈酸性。这一化学变化过程是可以逆转的,也就是说二氧化碳的水溶液也可以被分解为二氧化碳和水,即

$$H_2O+CO_2 \longleftrightarrow H^+ + HCO_3^- + H_2CO_3$$

许多海洋生物利用碳酸盐将海水中的钙（Ca）转化成它们壳体中的碳酸钙（$CaCO_3$），即 $Ca^{2+} + 2HCO^- \rightarrow CaCO_3\downarrow + H_2O + CO_2\uparrow$。其中↓符号代表碳酸钙不溶于水。生物体死亡后它们的壳体沉到海底，其中的二氧化碳与水再次反应形成重碳酸盐和碳酸，此时水体呈酸性。但当壳体下降进入低温高压区域时，水中以碳酸形式存在的二氧化碳增多，于是碳酸钙分解产生重碳酸盐，增加了水体的碱性，即

$$CaCO_3 + H_2CO_3 \rightarrow Ca^{2+} + 2HCO_3^-。$$

碳酸钙开始溶解的水层深度被称为碳酸盐分解水层，而分解过程完全结束的水层被称为碳酸盐代偿深度（CCD）。碳酸盐分解水层的平均深度为11 484英尺（3 500米），而碳酸盐代偿深度在太平洋的平均深度为13 780~14 765英尺（4 000~4 500米），在大西洋中则是16 405英尺（5 000米）。

以上是碳酸盐沉积物的形成过程。这些沉积物最终变成碳酸盐岩层。这一过程还揭示了为什么碳酸盐岩层没有在深海海盆中形成，因为碳酸钙在到达深海海底之前已完全被溶解了。

打破碳的自然循环

在工业革命初期，水是主要的动力来源，工厂大多临水而建以便利用充足的水力来转动水磨。后来蒸汽机的发明使人们不再需要用水力来推动机器，工厂的选址范围大大扩展了。

随着水动力被蒸汽动力取代，工业化进程的发展不断将埋藏于

地下的煤炭资源开采出来,以煤的形式存储于地下的碳被释放出来,人类打破了自然界的碳循环。

人类对自然界碳循环的影响起初并不明显,但是随着20世纪工业化进程的不断深入,大气中二氧化碳的含量由1880年时的0.028%增加到现在的0.037%。

化石燃料的燃烧每年要释放出大约65亿吨的碳,而水泥生产每年也要释放出2亿吨的碳。水泥生产过程中有大量的石灰岩被转化为石灰。石灰岩的主要成分是碳酸钙($CaCO_3$)。锅炉中的石灰岩在煤炭燃烧产生的高温作用下释放出二氧化碳,生产出石灰。石灰的主要成分是一氧化钙(CaO),即$CaCO_3 + 热 \rightarrow CaO + CO_2 \uparrow$。

热带地区每年都要砍伐大批的森林,同时该地区的居民还以焚烧植被的方式获取耕地,这些过程都会释放出大量的碳。加上其他土地用途的改变,农业每年释放出的碳为17亿吨。工业与农业两者相加每年总共产生84亿吨的碳。

在20世纪80年代,人类各种活动所释放出的碳为54.4亿吨。现在人类活动对自然界碳循环的影响呈上升趋势,但随着燃料利用率的提高及政府和企业降低碳的排放量的政策措施的执行,目前碳的排放量有望下降。

二氧化碳的增加与碳汇的消失

尽管人类每年排放到大气中的二氧化碳含量多达32亿吨,并呈逐年增加的态势,但大气中二氧化碳的比例并未发生大的变化。人们对此的唯一解释就是碳的增加使植物有了更多的机会进行光合作用。光合作用越多，植物生长越茂盛，消耗的碳也越来越多。人们将这种变化称为二氧化碳施肥作用。

大规模的植树造林和土地生产力的提高等土地用途的改变也可以吸收大气中的碳，其数量大约为19亿吨。这是为便于人们对碳收支进行研究所作的一个估算。

人们将每年排放到大气中的碳的数量与海洋所吸收的碳的数量对比后发现总有一部分碳不知去向，人们将其称为缺失的碳汇。很明显，除了海洋外一定还有什么东西把这些碳吸收了，而最有可能吸收这些碳的碳汇就是北半球日益扩大的温带森林面积。

地球在太空中有多亮

　　我们知道月亮本身不能发光，我们看到的月光其实是月球表面反射的太阳光。晴朗的夜空中，一轮圆月是那样的清澈明亮，你甚至能在月光下读书看报。然而，当1969年美国"阿波罗11号"载人飞船登上月球时，宇航员们发现从地球上看去那么明亮的月球，其表面却是一片灰暗。

　　月球绕地球公转的过程中，日光照射到我们能看到的月面的入射角会经历稳定的变化，而这个角度取决于月球相对于太阳的角度。月球运行到与太阳相对的天空的位置时，月球反射的太阳光直接面对地球，我们能看到整个月面，所以我们看到的月亮总是在满月时最为明亮（如图33所示）。月球对光的反射作用和地球云层中云滴对光的反射作用是一样的。云滴是云内悬浮的液态水粒子。当你乘飞机在空中旅行时你会发现云层分外明亮，但最为明亮的还是处于飞机阴影周围的云层。

尽管月光分外明亮,甚至有时在白天都可以看到月亮隐约挂在天边,但如果从太空中观察月球和地球的话,你会发现月球远比地球暗淡。即使将月球体积放大到与地球体积差不多大小,其明亮程度仍赶不上地球。有时我们尽管看到的只是月牙形的弯月,但太阳没有照到的月面部分仍清晰可见。这是由于地球反射的太阳光照到月面上的缘故。

除月亮以外,金星是整个夜空中最明亮的天体。在黎明或黄昏时分,当太阳还没有从地平线上升起时,我们可以看到金星挂在天边,格外显眼。

尽管地球上的云层变幻不定,但地表总有一半以上的面积被云

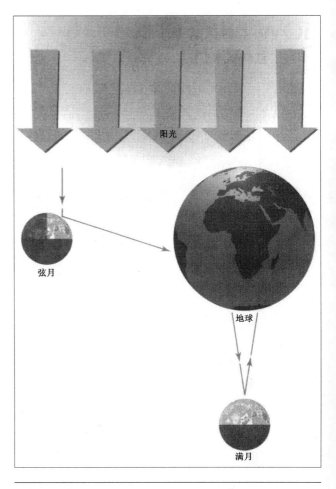

图33 反照率
满月时月球反射的太阳光直接面对地球,所以我们看到的月亮总是在满月时最为明亮。

层所覆盖。由于云层对光有反射作用,所以总是被云层覆盖的地球在太空中也分外明亮,这一点尤其可以从卫星拍摄的地球照片上反映出来。表8是地球表面不同纬度地区的平均云量。

表8　平均云量(百分比)

纬　度	北半球	南半球	纬　度	北半球	南半球
0°~10°	63%	46%	60°~70°	68%	54%
10°~20°	51%	57%	70°~80°	70%	55%
20°~30°	47%	79%	80°~90°	65%	57%
30°~40°	55%	82%	总　量	59%	63%
40°~50°	64%	74%	地球总量	61%	
50°~60°	70%	63%			

反照率

物体表面反射的漫射光的数量被称为物体的反照率。反照率的大小用射到物体表面的入射光和被物体表面反射的反射光的比例来表示,通常写作十进制小数,即100%写作1,50% 写作0.5。反照率为1的物体能反射所有投射到其表面的光,而反照率为0的物体则根本不反射光。反照率只被用来衡量不平滑物体的表面对漫射光的反射作用。镜面等平滑物体的表面能将所有的入射光都反射回去,因而没有反照率。图34是对入射光和反射光之间关系的简单示意。表9列举了一些物体表面的反照率,同时还包括地球、月球、金星和火星的反照率。由于火星表面经常有霾层覆盖,因此火星表面的反照率变化范围较大。火星大气里面的灰尘微粒对日光中红色光的反照率较大，为0.30，而对蓝光和紫外线的反照率则较低，为0.04，所以火星的天空总是橙红色。开阔水体表面的反照率受入射光角度影响变化范围最大。正午阳光直射水面时，水面的反照率为0.02，所以看上去水面较暗；当太阳位于地平线上时，水面能将大部分阳光反射回来，其反照率为0.99，所以在清早和午后乘船出游的人们最容易被晒伤。月球表面的反照率只有0.068，也就是说投射到其表面的阳光中只有6.8%被反射回来。相比之下金星则可以反射90%的阳光，但金星表面反照率受光反射角度的影响变化范围也较大。由于金星表面始终被浅色的云层覆盖，因而人们难以看到其庐山真面目，所以很久以前人们猜测也许金星其实是一个遍布大洋和沼泽的星球，而居住在这个星球上的"居民"无疑是些魔鬼怪兽。

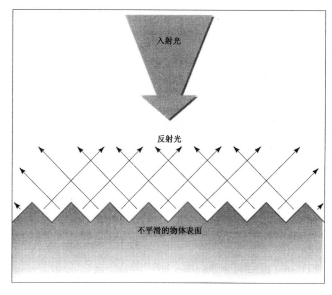

入射光

反射光

不平滑的物体表面

图34　入射光与反射光

163

表9 反照率

物 体 表 面	数 值	物 体 表 面	数 值
新　　雪	0.75~0.95	湿　　沙	0.20~0.30
旧　　雪	0.40~0.70	沙　　漠	0.25~0.30
积 状 云	0.70~0.90	草　　地	0.10~0.20
层 状 云	0.59~0.84	农　　田	0.15~0.25
卷 层 云	0.44~0.50	落 叶 林	0.10~0.20
海　　冰	0.30~0.40	针 叶 林	0.05~0.15
干　　沙	0.35~0.45	混 凝 土	0.17~0.27
黑色道路	0.05~0.10	月　　亮	0.068
开阔水面	0.02~0.99	火　　星	0.04~0.30
地　　球	0.31	金　　星	0.55~0.90

反照率与温度

　　反照率代表物体对光的反射程度,而没有被反射的光就是被物体表面所吸收的光。我们冬天时为了保暖穿的衣服又多又厚,而夏天时为了凉爽我们则尽可能穿得少而薄。不但衣服的多少和厚薄可以使我们觉得暖和或凉快,而且衣服的颜色也有同样的作用。 深色服装的反照率为0.10,而浅色服装的反照率为0.90。由于衣服颜色对光的反照率不同,所以我们冬天时穿的衣服往往颜色较深而夏天的衣服则颜色较浅。

　　我们可以通过实验再来验证一下不同颜色对光的反照率。我们取两只一模一样的制冰盒放在室外的阳光下并将相同温度的水分别倒入两个盒中。如果想使实验结果更为准确的话，我们可以将这两只盒子埋在土里，只露出盒子的边沿。最后我们将黑白两种颜色的纸板分别放在两个盒子上（如图35所示）。大约一个小时后我们测量两个盒子中的水温时会发现黑色纸板覆盖下的水温高于白色纸板覆盖下的水温。

由于物体表面颜色的深浅能决定物体本身的反照率，因而地表反照率对地球气候有明显的影响。如果沙漠的反照率不是0.25的话，那么亚热带干旱沙漠地带会比现在更为酷热难耐；格陵兰岛和南极如果不是被大片白色冰层所覆盖的话，也许那里的温度会因为地表吸收的阳光辐射增多而有所上升。

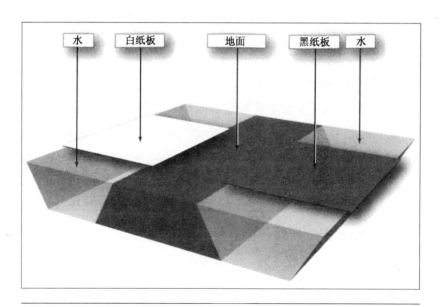

水　　　白纸板　　　地面　　　黑纸板　水

图35　反照率的测量

反照率的正反馈

　　如果地表反照率稳定不变的话，地球气候也会相应地保持不变。但事实是地球表面的反照率有时变化范围非常大，并且这种变化一旦发生还会引发一系列的反应，导致反照率继续变化，其后果往往让人难以预料。人们将反照率的这种变化称为正反馈。我们举个例子看一下。如果洋流不再为北极地区输送暖流的话（参见"海洋对热量的输送"），那么该地区的海水会因向周围冷空气辐射热量而降低温度，冬季海水结冰的范围就会不断扩大，降雪将落在这些海冰之上。受此影响，北极地区地表的反照率将发生一连串的变化，从深色海面反照率的平均值（0.50）变为白色海冰的反照率（0.30~0.40），进而转为新雪的反照率（0.75~0.95）。反照率的增加阻止了地表温度的上升，大西洋上空本应受海水温度的影响而温度较高的气团此时却因与洋面上的冰层和积雪接触而温度下降，冷空气由此横扫北美和欧洲大陆。

　　由于地表反照率的变化使位于永久冻层及其邻近地区的底层空气温度偏低，所以第二年的降雪范围会不断扩大。如果这种情况持续发展下去的话，那么总有一天落在海洋和陆地冰层上的降雪会因为夏季温度过低而无法融化，处于最底层的积雪在重力的作用下最终变成冰，进而形成冰原并开始向外扩张。地球表面被冰雪覆盖的面积将逐渐增加。

　　当20世纪70年代全球平均温度出现下降时，科学家们曾担心由此引发的反照率的正反馈会引发新一轮的冰期，他们甚至预言也许几十年后冰原就会迅速扩张。正反馈所引发的这一系列过程的相互作用和相互加强被称为突发冰期。有一种理论认为它能使北半球在几十年里进入冰期。尽管人们今天普遍关注气候变暖这一趋势，觉得突发冰期似乎是遥不可及的事情，但别忘了这种正反馈却很可能曾经使地球气候发生过巨变（参见补充信息栏：雪球地球与温室地球）。

冰面反照率与气候变暖

如果冬季被海冰覆盖的海洋面积大幅度减少的话，尽管海平面不会因此而有所改变（因为冰是海水的一部分），但它却会降低海面的反照率，从而使海水吸收大量的热量，海洋上方的空气温度将因此而上升。温度的升高使降雪减少，海冰融化加快，海面反照率进一步下降。所以正反馈是一把双刃剑，它既可以引发突发冰期也可以使冰期突然结束。也许用不了100年，四处扩张的冰原就会全面后退，地球温度急剧回升。引起这种变化的原因是冰面反照率的正反馈。它也是今天气候学家们最担心的问题之一。

美国阿拉斯加州的北坡蕴含着丰富的石油资源。20世纪70年代，当人们计划对其进行开采利用时，最理想的选择是将这些石油通过地下输油管道运送到一个不冻港。但铺设这样一条地下管道将穿越整个阿拉斯加州，并且管道下方就是永久冻土带。通过管道运送的石油为保证其流动性必须要有一定的温度，这很有可能会使管道下方的永久冻土层融化，这将产生一些不利影响。首先，如果永久冻土层融化，那么冻土上方的土层将变得松软，无法支撑管道的重量，管道很容易破裂。其次，冻土的融化会引发生态环境的改变。永久冻土层上方是活动层，这一地层在夏季时会解冻以便植物生长。如果冻土层融化的话，其上方的活动层无疑会下陷，地面将变成一个大沼泽。尽管植物仍可以继续在这上面生长，但对那些像驯鹿等寄居在此处的动物们来说将是一个灾难。第三，冻土融化后释放出的大量温室气体将对地球气候产生重大影响。为了解决以上3种负面影响，人们决定将输油管道修建于地上，下面使用支架进行支撑，支架高度足以使迁移中的驯鹿通过。该工程从设计到建成总共用去了3年多的时间。自从1977年6月管道开通以来，阿拉斯加的永久冻土层一直未受影响。

不过有人还是对该工程心存疑虑。他们担心一旦管道断裂的话，管道中泄漏的石油将会污染大片的土地。如果此时正逢冬季的话，石油无疑将使冰雪覆盖的地表颜色变成黑色，地表反照率将急剧下降——从0.90降为0.10。黑色的石油吸收大量的太阳辐射后使下层积雪开始融化，永久冻土层也将受温度影响而融化。其实这种想法只是杞人忧天。因为冬季时管道断裂后所泄漏的石油虽然会影响很大一片地区，但地表反照率的下降只是临时性的，另一场暴风雪将会重新覆盖这些地区，地表反照率还会再度增加。

土地用途的改变使反照率发生了变化

土地用途的改变也可以使地表反照率发生变化。有些地区将大片的落叶林砍伐后变成耕地，增加了地表的反照率；有些针叶林被砍伐后林地变成了草场,其反照率上升的幅度更大。地表反照率的增加无疑会减少地表吸收的太阳辐射,温度将因此而下降。所以毁林开荒对大气起到了降温作用。植树造林对大气温度也有影响,它使地表反照率下降,地表吸收的太阳辐射增多,大气温度上升。但这并不会引发气候变暖,因为日益扩大的森林面积吸收二氧化碳后所带来的大气降温幅度远远高于森林对大气的升温幅度。

草场和农作物的反照率为0.10~0.25,混凝土的反照率是0.17~0.27,而黑色路面的反照率为0.05~0.10,所以交通道路的修建和城市化的加剧对地表反照率的影响最大。

土地用途的人为改变导致了地面反照率的变化,但这种变化究竟对地球气候能产生多大的影响还有待进一步研究和证实,因为反照率本身也有其自然变化。例如海洋的反照率会随一天中时间的不同而改变:清晨时其反照率为0.99,正午时为0.02,黄昏时又变为0.99。由于占地球表面70%的海洋每天都发生颜色的改变,从白色变为黑色,因此计算反照率对气候的影响是极其复杂的一个过程。天气的变化也会使反照率发生改变。如果海上出现暴风雨的话,洋面会被云层所遮掩,但在暴风雨的边缘地带则是无云区。强风使这里的海面掀起巨浪,泛起白色的波涛,海面的反照率发生改变。如果暴雨是在正午时分开始的,那么此时本来是黑色的海面就会变成白色。我们再以森林火灾为例看一下反照率的自然变化。火灾会产生大量的浓烟,由于混有大量的草木灰和小水滴,浓烟呈白色或浅色,此时地表反照率从森林的反照率0.20变成云层的反照率0.70。

反照率的变化时时发生,但这种自然的改变有彼此抵消的功能。由于一天中洋面的反照率有规律地发生改变,所以其反照率平均值固定不变。海上的暴雨时起时歇,因此从世界范围看,其影响还是较为均衡的。即使是像森林火灾这样的偶然事件所引发的反照率的改变也是暂时性的,最终还是会恢复正常。

相比之下,土地用途的改变所引发的反照率变化更为持久,并且这种变化不会在几小时、几天或几周内恢复正常。因此,不论是种树、毁林,还是过度放牧将草场变为沙漠,或是不断扩大城市化规模等,我们人类都在改变着地表的颜色。地表颜色的改变又使地表反照率发生了变化。如果这种行为继续下去的话,那么终有一天地球气候也将发生改变。

十五

云层与微粒

坐过飞机的人都有这样的感觉：当飞机在云层上方飞行时，阳光照在机窗上暖洋洋的。由于云层的反照率高，我们看到的云又白又亮。当飞机穿过云层进入云层下方时，我们看到的则是阴暗的天空，偶尔还能见到雨水。当你走下飞机站在柏油碎石铺成的跑道上时，你甚至会觉得有点儿冷飕飕的。于是习惯上人们认为由于云层反射了大部分的阳光并为地面带来阴凉，所以降低了地面温度。但实际情况远非这么简单。

云层的反照率有强有弱

云层的厚度不同反照率也不一样。较厚较浓的云层的反照率大于稀薄的云层。云层的高度和种类对反照率也有影响。我们从表10中可以看出它们之间的差异。我们经常看到的云是大片的成波浪状的高层云，它的反照率是长条状明亮的卷状云的2倍；像椰菜花一样的积云的反照率是卷云的3倍。

表10　云层反照率

云的种类	高度（千尺）	反照率
纹状云、层积云	10	0.69
高积云、高层云、雨层云	20	0.48
卷云、卷层云、卷积云	30	0.21
积云、积雨云	10~40	0.70

　　由于不同云层的反照率有强有弱，因此云层为地面带来的遮阴效果也不一样。此外云量也是一个不容忽视的因素。对云量的估算通常由地面监测站来完成。工作人员将一块被划分成10或16个方格的镜子水平放置在室外，这样镜面上就会映出整个天空。人们只要知道镜面上有多少个格子里映出的是云就可以计算出天上的云量。云量的多少通常用标识符okta（八分之一）来表示，如3 okta代表八分之三的天空有云覆盖。气象卫星也可以测量空中的云量，但与地面监测站不同，卫星是从云层上方俯瞰云层。由于从空中看云层覆盖了一半的地表，所以卫星只测量到4 okta的云量。地面监测不仅可以测量我们头顶上的云量，还可以看到两侧的云，并且能测量云与云之间及云层两侧露出的天空，它的视角大于气象卫星，所以地面监测站测得的云量为6 okta，即天空有75%被云层覆盖（见图36）。

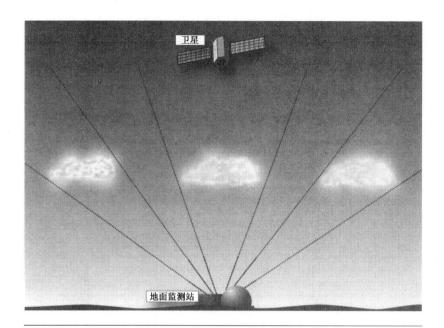

图36　从地面和空中测到的云量
卫星测得的云量为50%,而地面监测站因视角大所以测得的云量为75%。

反射与吸收

　　地表在吸收太阳热量的同时也在释放热量。由于地表夜间释放的热量大于吸收的热量,大气温度下降,尤其是在晴朗的夜晚,温度下降得更快。如果夜间是多云天气的话,温度相对会稍高一些。所以云层对地面温度有调节作用,它使白天时的地表温度不会过于炎热而夜晚时温度又不会过低。正是由于这个原因,春秋季节时气象学家们利用云量的多少来预报夜间是否会有霜冻。

　　云层不仅反射和吸收来自地表的热量辐射,它们本身在吸收热量后也辐射出热量，所以云层下方的大气温度较高。太阳辐射主要是短波辐射而地表辐射则是长波辐射（参见"来自太阳与地球的辐射"）。不同波长的辐射影响云层的吸收和反射。

云层对阳光有反射作用，但并不是所有的阳光都会被云层反射回太空，否则我们看到的天空将是一片漆黑。云层中水滴和冰晶主要是反射短波辐射，因此云层看上去非常明亮耀眼。云层中的水汽对短波辐射几乎不存在反射作用。

云层中的水汽和微粒对阳光辐射的吸收和反射强度与光所穿透的云层的厚度有关，科学家们将其称为光学厚度。光学厚度越厚，云层中的水滴、冰晶和微粒越多，阳光与其产生撞击的机会就越多，云层对光的吸收和反射力也越强。通常阳光在穿透云层时有1%~10%的辐射会被云层吸收，其中卷状云的吸收能力最弱只有1%，积云和积雨云的吸收能力最强达到10%。

云层对地表红外线辐射热的反射能力较差，但对其吸收能力则较强，并且其吸收强度也与光学厚度有关。如果云层厚度达3 300英尺（1千米）的话，那么它可以吸收全部的地表辐射热。但这并不意味着所有的热量都会被锁在云层之内。云层中的水滴和冰晶吸收了热量之后开始向周围释放热量，其中一部分热量向下传到云层的底部和地表，其余的热量则向上并将能量传给云层顶端的微粒。由于云层顶端的微粒温度过低，所以它们尽管吸收了热量但其温度仍低于云层底部。来自地表的辐射热有一部分会最终逃逸到太空，其比例的多少与地面温度有关（参见补充信息栏：黑体辐射）。当地表被云层所覆盖时，地表温度是指云层顶端的温度。如果云层顶端温度极低的话，不管地表实际温度如何，云层所释放出的热量都非常少，逃逸到太空中的热量也非常少。

云层较薄的低云对大气有降温作用，因为云层内部的温度与地表温度接近，能将来自地表的热量释放回太空。云层较厚的高空云则恰恰相反。由于距地表高度较高，云层顶端温度低于地表温度，来自地表的热量大部分被微粒吸收，很难被释放回天空，因而对大气有增温作用。

综上所述，我们发现云层对来自太阳和地表的辐射都有吸收和反射作用，因此既能升高大气温度也能降低大气温度。对普通人而言，要想弄清楚其中的来龙去脉还真挺费劲。不过科学家们倒是已经为我们解决了这一难题。通过人造卫星的帮助，人们测得了地球上被云层覆盖的地区所接收的太阳辐射量以及从云层顶端逃逸回太空的辐射量。就全球范围而言，云层对到达地表的太阳辐射有减弱作用，其数值大约是每平方米48瓦特；云层还阻止了地表辐射热向太空的逃逸，其数值是每平方米31瓦特。两者对比后我们可以得出这样的结论：云层有降低大气温度的作用。

云凝结核

水蒸气在凝结成云的过程中必须先借助于空气中的微粒形成小水滴。约翰·爱根是第一个发现这一秘密的人，因此这些微粒被称为爱根核或云凝结核。空气中包含有大量这样的微粒，尤其是地表附近。这些微粒形态不同，大小各异。有些是固体，有些是液体；有些微粒大到用肉眼就可以看见，比如我们透过光影看到飘浮在空中的灰尘,但大多数的微粒则是我们用肉眼看不到的。

补充信息栏 约翰·爱根与云凝结核

约翰·爱根(1839—1919)是苏格兰的物理学家,同时也是一名工程师。他出生于苏格兰的斯特林郡,这里也是他逝世的地方。爱根从小就健康极差,因此很难承担任何公职。他的所有研究都是在他自家的实验室里完成的,所有的设备也都是他亲自设计制作的。他还是英国《爱丁堡皇家社会杂志》的会员,他的许多发现都是在该杂志上最先发表的。

约翰·爱根热衷于对空气中尘埃等颗粒进行研究,从中他发现水汽在凝结成云的过程中必须先借助一定体积的微粒形成水滴。这些微粒的直径往往介于 0.005~0.1 μm 之间,这些微粒后来被称为云凝结核。其中被称为爱根核的是最小的云凝结核。为了测量空气中云凝结核的数量,他还自己动手设计和制作了一套仪器,人们称之为爱根核计数器。

爱根核计数器由一个带刻度的圆盘、浸湿的滤纸及带气筒的封闭空间组成。浸湿的滤纸能保证封闭空间中的空气始终处于水分饱和状态。空气样本被注入封闭空间后再由气筒抽出,这样空气间的分子就会迅速膨胀,温度下降。当温度下降到露点时,水汽开始凝结,形成的水珠滴落到带刻度的圆盘上。假设一个水珠含有一个云凝结核的话,人们借助显微镜就可以看到每个刻度内水珠的数量并由此推算一定体积的空气中云凝结核的数量。约翰·爱根借助这种方法计算出每立方英寸的陆地空气中约含有820~980个云凝结核（每升空气中约为500万到600万个），而每立方英寸的海洋空气中则含有164个云凝结核（每升约100万个）。

气溶胶

悬浮在大气中的多种微粒统称为气溶胶。气溶胶粒子降落到地面的速度因其大小不同而快慢有别。大的粒子几分钟之内就可以降落到地面，而小的粒子则需要较长的时间，但一般不会超过几个小时。空气中气溶胶粒子的数量总是循环补充的。

气溶胶的来源包括以下几种。首先是沙尘暴和干旱土地上的开犁耕种会使一些矿物质颗粒进入空气；其次火山喷发和烟雾也能产生气溶胶；海浪冲击形成的泡沫蒸发后留下的盐晶也能在空气中形成气溶胶。此外，工厂烟筒排出的气体和化石燃料燃烧产生的气体都可以和空气中的某些成分发生反应形成气溶胶。花粉、真菌和细菌的孢子以及海洋藻类释放的二甲基酰氯是气溶胶的生物来源。由松柏科植物释放出的萜烯所形成的微粒在空气中能产生蓝雾。位于美国田纳西州大雾山国家公园内的大雾山就是因此而得名。

受大小与颜色的影响，气溶胶彼此间的距离和对辐射的吸收能力不同。黑色的烟尘颗粒能吸收辐射而硫酸盐颗粒则反射辐射。一些矿物质颗粒则因组成成分的不同，既可以吸收辐射也可以反射辐射。

气溶胶从空气中除去的方式包括沉降、碰撞、雨洗和冲刷四种。沉降是指空气中的固体颗粒由于重力的作用沉降到地面的运动；碰撞是指通过固体颗粒之间的表面碰撞和粘着导致的固体颗粒在空气中的移动；雨洗是指那些成为云凝结核的固体颗粒以降水的形式从空气中除去的过程；冲刷是指空气中的颗粒与雨滴和雪花撞击后被从空气中带走的过程。

气溶胶在大气中的含量时常发生变化。当降雨减少时，空气中的各种微粒大量堆积以至于降低能见度。一场降雨过后，这些微粒被雨水带至地面，能见度增加。此时阳光分外耀眼，远处的物体也变得清晰可见。总的来说，大气中气溶胶的数量是非常惊人的，每立方英寸陆地空气中气溶胶的数量是250万~6 550万个（每立方厘米15万~400万个）。

气溶胶对太阳辐射的影响

在一天中的不同时刻气溶胶对太阳辐射的影响也不同。如图37所示，与早晚时的太阳相比，正午的太阳高挂空中，阳光透过大气层的距离较短，因此只与少量的气溶胶粒子发生反应，气溶胶对太阳辐射的影响较小。

有关气溶胶对太阳辐射的影响及其由此引发的气候变化等问题还有待人们进一步去论证研究。政府间气候变化专门委员会（IPCC）在2001年提交的科学报告中指出，目前共有5种气溶胶对气候有影响：第一是硫酸盐颗粒；第二是化石燃料燃烧释放出的未

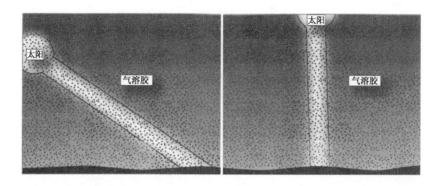

图37 气溶胶与太阳高度角

左图中的太阳高度角比右图中的太阳高度角低,在大气中通过的距离长,与气溶胶产生碰撞的机会更多。

燃尽的烃化物;第三是黑烟;第四是森林、草地、灌木及其他植物燃烧产生的颗粒;最后是火山喷发产生的气体和尘埃。IPCC在报告中指出黑烟对大气的增温作用为每平方米0.2瓦特,其他四种颗粒对大气有降温作用,但其影响幅度非常小,只有每平方米1瓦特。

气溶胶与云层

由于燃烧植物或化石燃料能增加大气中云凝结核的含量,因此这种做法能使云层特征发生改变,进而改变云层的反照率,影响到达地表的太阳辐射。

人们从卫星拍摄的地面照片上发现,在以植物和化石燃料为主要能源的地区,云层中富含化石燃料燃烧后产生的硫酸盐颗粒和植物燃烧后产生的烟尘等物质。由于这些微粒有较高的反照率,因此该地区云层的反照率高于其他地区，对大气有降温作用。

不仅如此，由于这些云凝结核在大气中滞留的时间较长，因此增加了水蒸气凝结的速度，所以由小水滴组成的云层高加大。这样的云对阳光的反射能力比其他的云强，但产生降雨的可能性却极小。我们知道在温度全都高于冰点的暖云团中，云滴相互碰撞聚结形成雨滴，雨滴越变越大最后变成雨水从天而降。然而如果暖云团中的云凝结核过多的话，只会产生许许多多小的云滴。这些小的云滴彼此很难碰撞聚结成大的雨滴进而产生降雨。所以造成大气污染的二氧化硫物质只能增加云层的厚度但却无法使云层产生降雨。

云层和气溶胶不仅能反射太阳辐射为大气起到降温的作用，同时它们也能吸收辐射为大气起到增温的作用，所以它们对全球气候的影响是一个极其复杂的过程。

十六

来自太阳与地球的辐射

热有三种传递方式：传导、对流和电磁辐射。传导是热最常见的传递方式。它要求两个温度不同的物体直接接触。比如我们用手握住一个温度高于我们体温的物体时，热从物体传到我们的手上，手部皮肤温度升高。对流只能受重力驱动在流体内完成。流体底部受热后膨胀，密度下降，其他温度低密度大的流体下沉使温度高密度小的流体上升至表面。如此循环往复实现热的传递。大气层就是用这种方式传递热量的。

太阳发出的热量到达地球时不依靠任何媒介。阳光穿过太空后直接到达地球。这是热的第三种传递方式——电磁辐射，它所传递的是辐射热。

电磁辐射

电磁辐射是能量的一种基本形式，它由振荡电场和磁场交织构成，一起移动穿过空间，同时彼此成垂直振荡。电磁辐射可以被看做是连续波或是一群携带电磁能量的最基本的粒子——光子。听起来这两种观点好像彼此矛盾，但它们实际是一回事。电磁辐射在真空中的速度是每秒 $2.997\ 9 \times 10^8$ 米或 $186\ 629$ 英里（相当于每秒 $299\ 790$ 千米），人们称其为光速。电磁辐射在空气或水中的传播速度较慢。

所有物体在温度高于周围环境时都会释放出电磁辐射。同样，太阳的温度比太阳系中其他星体的温度要高很多，因此会向四周辐射出光和热。物体辐射出的热量与物体温度有关。物体的表面温度决定物体电磁辐射能量的大小及强度。太阳内部中心区的温度虽高达 $2\ 700$ 万℉（$1\ 500$ 万℃），但决定太阳辐射能量和强度的却是太阳表面的温度也就是色球层的温度，其数值大约是 $10\ 800$℉（$6\ 000$℃）。这就是太阳发出的黑体辐射温度（参见补充信息栏：黑体辐射）。

补充信息栏　黑体辐射

冬天我们把手伸向火炉或暖气片时能感觉到它们散发出的热量。所有温度高于周围环境的物体都能辐射出热量。这是一条颠扑不灭的物理法则。

黑体是一种能够吸收受到的全部辐射能量并以最大比率反射所获得的能量的物体。之所以称之为黑体是因为该物体吸收受到的全部辐射后根本不会反射出任何光，只有靠黑体自身发出的辐射人们才能见识其轮廓。有关黑体的这一概念只是一种理论上的假设，除了黑洞以外，宇宙中根本不存在不能反射光的物体。黑体所释放的能量被称为黑体辐射。

所有的电磁辐射都是以光速传递能量，物体辐射能量的多少与物体的辐射波长有关。波长是指两个波峰或波谷之间的距离。物体辐射能量越强，波长越短。

黑体辐射能量的多少与温度有关，更确切地说与温度的四次方成正比，即 $E=\sigma T^4$。其中 E 代表波谱中所有波长的辐射能量，T 代表凯氏温度（卡尔文），σ 是希腊字母，代表斯忒藩—玻耳兹曼常数。奥地利物理学家约瑟夫·斯忒藩（1835—1893）和他从前的学生路德维格·埃德华·玻耳兹曼（1844—1906）一起于1879年首先发现了辐射能量与温度之间的关系并在1884年对该项研究取得突破。人们将其研究结果称为斯忒藩—玻耳兹曼定律。

1896年德国物理学家威廉·韦恩（1864—1928）发现辐射波长与温度之间成反比，温度越高，波长越短，即 $\Lambda_{max}=C/T$。其中 Λ_{max} 代表辐射达到最大值的波长，T 代表凯氏温度；C 是韦恩常数，其数值为 2 897 μm，所以该公式又可以写成 $\Lambda_{max}=2\,897/T$ μm。图38显示了温度、波长与能量之间的关系，其中能量的单位是瓦特每平方米。

温度与波长之间的关系解释了为什么某些物质在温度上升时颜色也会发生改变。由于红色光的波长大于白色光的波长，所以火焰温度极高时，我们看到的火焰是白色的而不是红色的。

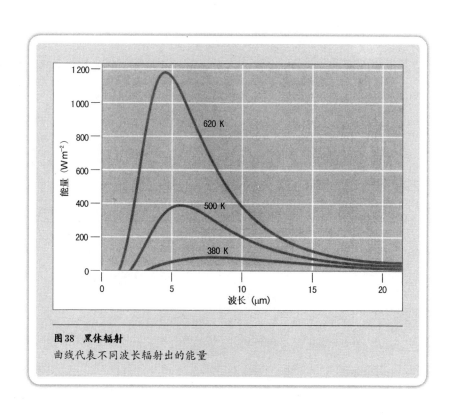

图38 黑体辐射
曲线代表不同波长辐射出的能量

光谱与彩虹

　　光从一种媒介进入另一种媒介时，比如从空气进入水中时，其速度和方向都会发生改变，人们称之为折射。射线产生折射的角度与光线的波长有关。光穿过三棱镜时会折射出七种颜色的光带——红、橙、黄、绿、青、蓝、紫，人们称之为光谱。光谱表明白色的太阳光由折射能力不同的色光混合而成，就像我们把各种不同的颜色混合到一起就变成了白色一样。雨滴也能起到三棱镜的作用,因此雨后出现的彩虹也包括这七种颜色。如果太阳在你背后而渐渐远去的乌云或雾气在你前面,那么你就能看见这种七彩长虹。这时阳光照射到云雾中的水滴上,这些水滴就像一个个三棱镜能够把太阳光再反射回来。彩虹就是许许多多水滴共同反射阳光形成的。事实上,水滴的大小不仅会影响彩虹的颜色还会影响各条色带的宽度。

要在天空形成彩虹,太阳在空中就必须成某一角度。假如太阳在天空的位置太高的话,我们就看不到彩虹,因为彩虹中每条色带所反射的太阳光只能以某种角度出现。雨滴折射出的红光与入射光线成42°角,紫色光线与入射光成40°角,其他光折射后与入射光线形成40°~42°的夹角。所以红色在天空的位置最高,出现在虹的顶部,紫色光的位置最低,在虹的底部(见图39)。通常我们见到的是一条彩虹,不过有时也会有两条彩虹同时出现。这是由于雨滴对光进行了二次折射,此时第二条彩虹上的红色位于虹的底部而紫色则位于虹的顶部。

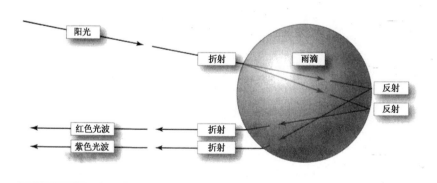

图39 彩虹

电磁辐射以不同波长的光波或粒子流的形式运动，其运动速度被称为光速。波长越短，光波辐射能力越强。波长范围被称为波谱。太阳能辐射出各种波长的光波，因此太阳波谱范围极广（见图40）。

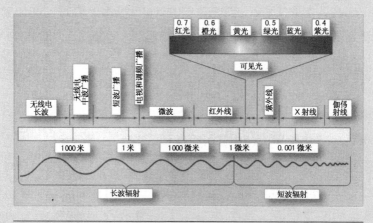

图40　太阳波谱

太阳波谱的排序为：γ射线、X射线、紫外线、可见光、红外线、微波和无线电波。γ射线的辐射能力最强，其波长介于 10^{-10} μm 到 10^{-14} μm 之间，其次是 X 射线，其波长介于 10^{-15} 到 10^{-3} μm 之间。太阳辐射出的 γ 射线和 X 射线被大气层顶部气体吸收，它们不会到达地面。只有波长大于 0.2 μm 的太阳辐射能到达地表，其他均被大气层吸收。紫外线的波长是 0.004 到 4 μm 之间。可见光的波长在

0.4 μm到0.7 μm，红外线波长在0.8 μm到1 mm，微波波长为1 mm到30 cm，无线电波的波长最长，范围可达62.5英里（100千米）。

电磁波谱

黑体辐射出的能量与温度成正比，温度虽然能决定哪一种波长的射线辐射能力最强，但在此峰值两侧的辐射射线既可能是长波也可能是短波。

我们用肉眼看到的光被称为可见光。它是电磁波谱中的一种，是太阳辐射中辐射能力最强的光，其波长介于0.4~0.7 μm之间。那些波长在0.38 μm以下的光（如紫色光）和0.765 μm以上的光（如红色光）则是用肉眼无法看到的。太阳的辐射波谱范围非常广，因此太阳发出的大部分光线都是不可见光（参见补充信息栏：太阳波谱）。

地球也是一个黑体。由于地表温度远远低于太阳表面的温度，因此它释放出的能量较少，以长波辐射为主，其峰值在9~15 μm之间。如图41所示，太阳辐射波谱的峰值集中在可见光部分，也就是波长介于0.577~0.597 μm之间的绿光和黄光部分。地球辐射波谱的峰值集中在红外线波段上——之所以称其为红外线是因为其波长范围超过了波长为0.765 μm的红色光波的波长。

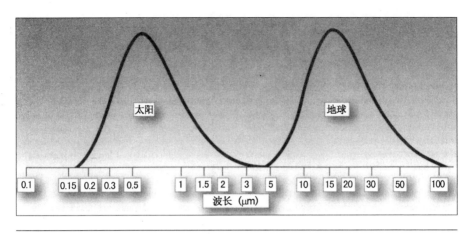

太阳

地球

| 0.1 | | 0.15 | 0.2 | 0.3 | 0.5 | | 1 | 1.5 | 2 | 3 | 5 | | 10 | 15 | 20 | 30 | 50 | | 100 |

波长（μm）

图41 太阳辐射与地表辐射

太阳风、宇宙射线与放射性衰变

地球气候变化主要受太阳辐射的影响，但太阳辐射并不是唯一的动力，太阳风也是一个影响地球气候的重要因素。太阳风以每秒155~500英里（250~800千米）的速度冲出日冕进入太空，其中的带电粒子主要是带正电的质子和带负电的电子。太阳风的活动强度与太阳黑子有关（参见"爱德华·沃尔特·蒙德尔与不稳定的太阳"）。太阳风中的带电粒子被地球磁场捕获后沿地球磁力线运动，在两极地区下降，并与大气中的气体分子或原子相互作用形成极光。太阳风虽然不会直接改变地球气候，但是可以对影响气候的宇宙射线产生影响。

宇宙射线由多种化学元素的原子核组成，其中氢核子的含量最大。此外宇宙射线还包括电子、正电子、中微子、γ射线等。与太阳风不同,宇宙射线中包含的这些粒子能量极高,它们可以穿过地球磁场进入大气层,与大气层的氮原子核和氧原子核碰撞产生次级宇宙射线,它由原子核散裂后产生的次级宇宙线粒子组成。由于这些粒子能催生云的形成,因此宇宙射线对地球气候有重大影响。

地球内部仍残留着地球形成时期的热量,地心中不断累积的金属物质也能产生热量,但地表下的铀、钍和钾的放射性衰变是地热的主要来源。

来自地球内部的热量使地球板块不断运动并导致火山喷发和山脉的形成,它们缓慢而稳定地改变着地貌和地形。大陆的分布和面积以及山脉的走向等都对气团的形成和运动产生影响,因此说地球内部的热量也可以影响地球的气候变化,只是这种影响需要很长的时间才能显现出来。相比之下,火山喷发释放出的气体和微粒对气候的影响倒是更直接、更迅速。

地球气候的变化是一个复杂的过程,受到许多因素的影响。除了太阳辐射以外,地表辐射、太阳风、宇宙射线、放射性元素的衰变和火山喷发等都不容忽视。

十七

辐射平衡

　　由于地球吸收太阳辐射热量的同时也释放出热量，并且二者数量相当（参见"来自太阳与地球的辐射"），所以地球并未变得越来越热或越来越冷。虽然人们目前普遍关心地球气候变暖这一问题，但这只是气候变化过程中的一个阶段而已。从长远角度看，这些变化带来的影响可以同其他气候变化产生的影响相互抵消。地球的热量收支维持着整体平衡。

　　太阳辐射被地表吸收后地表又释放出热量。这些热量通过大气层逃逸到太空。地球吸收和辐射热量的过程看起来非常简单，但实际上这其中有许多复杂的因素在起作用。

　　首先地球表面不同地区的太阳辐射和地表辐射的热量分布很不均匀。同两极地区相比，赤道地区吸收的太阳辐射较多，因此气温较高。纬度40°以下地区吸收的太阳辐射远远大于通过大气释放出的辐射，所以温度也较高。在纬度超过40°的地区情况则恰恰相反。尽管如此,受大气运动的影响,热量从较热的地区向较冷的地区流动,所以全球范围内的热量收支始终处于平衡状态,赤道和两极地区并未出现极端气候变化。如果不考虑大气运动对热量的输送作用的话,那么所谓的全球热量收支平衡将意味着赤道地区的温度要比目前实际温度高出25℉(14℃),而两极地区的温度则下降45℉(25℃)。

热量通过大气和洋流运动进行传送。水平方向上的热量输送被称为平流。输送至高纬度地区的热量应与该地区陆地和海洋释放的热量相当,否则地球上的某些地区就会变冷或变热。空气在从两极向赤道方向运动的过程中,热量不断增加,到达南北纬40°地区时与

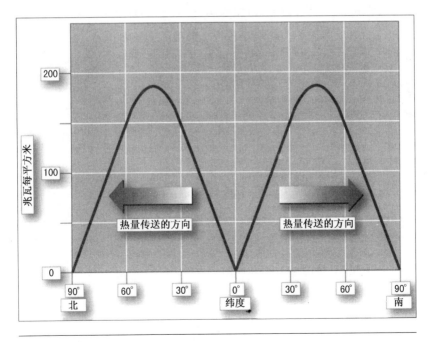

图42 空气平流对热量的传送

来自赤道方向的气流所携带的热量持平。赤道方向的气流无法继续前行，空气下沉至地面。空气平流只从赤道地区带走热量而不向该地区输送热量，所以赤道地区通过空气运动吸收的热量为零。图42表示的是南北半球通过空气平流进行的热量传送，从图上我们看到南北半球各成一个独立的热量传递系统，彼此互不干扰。图中热量的单位是兆瓦每平方米。

潜热与波文比

云在形成过程中吸收和释放出的潜热也对地球热量有传送作用。海水蒸发进入大气时吸收潜热，当水蒸气离开海洋上空到达陆地上空时，水汽凝结成水释放潜热。海洋与陆地之间的热量就是用这种方式传送的。

潜热对大气温度并不产生影响，所以计算潜热对地表热量的输送时需要进行换算，方法是将能改变大气温度并且能被测得的感热转化成潜热，也就是使用波文比公式进行计算，其公式为$\beta = H/LE$。其中β是波文比，H是地表释放的感热，L是水的蒸发潜热，E是水汽蒸发的速度。如果β值大于1的话，那么释放到大气中的热量大于蒸发或升华冷却所需的热量。气候较为干旱地区的β值大于1，在沙漠地区β值可达到10。气候湿润地区的β值小于1，在热带雨林地区β值只有0.1。全球全年的β值平均为0.6。

在气候异常干燥的火星上，火星大气层只以对流的方式传送感热。由于热空气上升冷空气下降，火星表面的热量全部被大气层吸收,所以地表温度极低。地球则因为有海洋存在而情况不同。海洋中的水分子受热蒸发变成水蒸气,水蒸气进入空气时吸收潜热。当空气中的水汽越来越多时,这些水汽开始凝结形成云,释放出潜热,所以对流中的上升气流只输送潜热并未将地球表面的感热带入大气层。

日较差与四季变化

地球的公转、自转及地轴倾斜对地球热量的收支平衡也有影响。由于地球自转使我们的一天有昼夜之分,因此地球在24小时之内的热量收支有很大差异。热带地区正午时平均每平方米地表面积吸收的热量比释放出的热量多1 000瓦特;午夜时则恰恰相反,平均每平方米少70瓦特。如图43所示,地轴的倾斜产生了四季,并且南北半球季节相反。夏季时日照时间长,地表吸收的热量大于释放的热量,温度高;冬季时日照时间短,地表吸收的热量少于释放的热量,温度低。处于极夜中的两极地区热量减少的速度更快,达到每平方米70瓦特。但南极地区还有另一种奇怪的现象发生,那就是无核之冬。当南半球处于秋季时,南极气温每天下降1℉(0.5℃)。当太阳转到春分点这个位置时,温度降至最低,其后温度不再下降。所以南极地区的地表温度在整个冬季里都较稳定,没有极冷的天气出现。这种现象仅在南极发生。正是由于不同纬度地区吸收热量的不同才使地球有了形形色色的气候特点,这一点在中纬度和高纬度地区尤其明显。

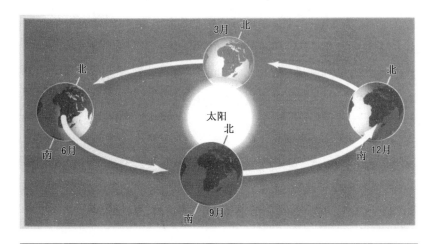

图 43　地轴倾斜使地球产生四季变化
地轴倾斜的角度使北半球在 6 月时吸收的太阳辐射比南半球多而在 12 月份时则恰恰相反，由此出现南北半球四季变化相反的情况。

太阳辐射与臭氧层

　　太阳发出的短波辐射穿过大气层时有18%被平流层中的臭氧及对流层中的云、水蒸气和气溶胶吸收。臭氧层就是在这一过程中形成的。在一系列的化学变化过程中，臭氧层吸收了太阳发出的紫外线辐射，因此目前臭氧层的消失不禁使人们担心过多的紫外线辐射对人体可能造成的伤害。目前太阳辐射到达平流层后便被这里的大气所吸收，无法到达地面，而臭氧层的消失将使过多的太阳辐射穿过平流层到达地表，将对地球气候起到增温的作用。目前这种影响尽管还很小，但确实已经开始了。

　　地球的反照率虽然是0.31，但其中大部分是云层带来的影响。从卫星照片上看，地球上有云的地方以及极地冰原地区异常明亮而其他地区则非常灰暗。有35%的太阳辐射被云层、气溶胶和地表反射回太空。

　　大气中的气体分子和气溶胶对阳光有漫射作用，因此我们看到的阳光都是漫射光。漫射使阳光得以向四周传播，所以阳光可以透过玻璃窗照亮整个房间。月球上因为没有大气层所以阳光始终是直射光。在图44上我们看到，如果在月球上盖一间房子的话，阳光穿过玻璃窗只会照亮房间的一小部分，其他地方则是一片黑暗，即使在正午时分房间里也不得不开着灯才行。地球大气对阳光的漫射作用还使天空呈现出蓝色。黎明和黄昏时灰蒙蒙的天空以及偶尔泛起的红霞也是阳光漫射后产生的现象。

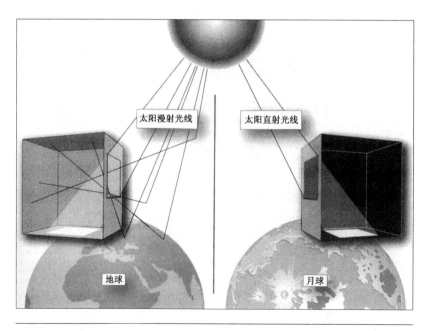

太阳漫射光线　　太阳直射光线

地球　　月球

图44　漫射的作用

阳光进入大气层时产生漫射,漫射方式与大气中的气体分子和粒子的大小及辐射波长有关。阳光的辐射波长主要集中在 0.5 μm,小于波长的分子和粒子对光的辐射能力强。英国物理学家劳德·瑞利(1842—1919)第一个发现了这一原理,因此人们称之为瑞利漫射。直径小于 0.000 4 μm 的大气分子漫射作用最强。

波长最短的光最先被漫射。紫色光和青色光在大气层顶即被漫射并被大气层吸收。蓝光的波长接近于太阳光谱中的峰值,因此阳光中蓝色光比其他颜色的光多,也最容易被漫射。漫射后的蓝光从各个方向进入我们的眼睛,所以我们看到天空是蓝色的。

大气中较大的微粒对各种波长的光都有漫射作用,人们称之为米后漫射,它是由德国物理学家古斯塔夫·米后(1868—1957)于 1908 年发现的。由于米后漫射的影响,天空呈现出白色。所以大气中尘埃较多时天空总是灰暗的而不是蓝色的。只有当降雨把尘埃带至地面后天空才会湛蓝如洗。与中午时的阳光相比,清晨和傍晚时的阳光穿过大气层的距离长,发生的米后漫射多,因此中午的天空要比清晨和傍晚时的天空更加蔚蓝。同样道理还使得清晨和傍晚时的天空呈现出红色和橙色。蓝光被强烈漫射后到达地平线时已剩下无几,余下的只是波长较长的黄、橙、红光。这些色光再经地平线上空的大气分子、尘埃、水滴等杂质漫射，就使得那里天空呈现出绚丽的彩色。如果有云的话，还会把光线反射回来，云块上就会染上彩色，出现朝霞和晚霞。

地表辐射

地球吸收热量的同时也释放出热量。图45中的数字代表百分比，带正号的数字表示太阳辐射，带负号的数字则表示地表辐射，其他数字代表地表与大气层之间的能量交换。

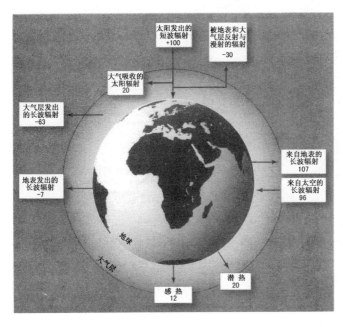

图45 地球的热量收支
带正号的数字表示太阳辐射，带负号的数字则表示地表辐射，箭头代表热量流动的方向。

197

陆地和海洋吸收了51%的太阳辐射,其中25%来自太阳的直接辐射,其他则来自大气层对阳光的漫射。地表将4%的太阳辐射和5%的地表长波辐射送回太空。地表释放的长波红外线辐射中有13%被大气层中的水蒸气、二氧化碳和云滴吸收。潜热和感热分别吸收了24%和5%的地表辐射。整体上看,地表释放出的热量与其吸收的太阳辐射热量相当(见表11)。这样的收支平衡有助于保持地球气候的稳定性。一旦这种平衡被打破的话,地球气候将产生巨大的变化。冰期的开始和结束就是极好的证明。

表11 地球与大气层的热量收支

太 阳 辐 射	占整体辐射的百分比
被臭氧吸收的太阳辐射	3
被水蒸气和气溶胶吸收的太阳辐射	13
被云层吸收的太阳辐射	2
被云层反射的太阳辐射	24
被空气和气溶胶反射的太阳辐射	7
被地表反射的太阳辐射	4
小 计	53
地表对阳光辐射的吸收	25
地表对空气和云层反射的太阳辐射的吸收	22
小 计	47
太阳辐射总量	100
地表辐射 水蒸气、二氧化碳和云层发出的短波辐射	31

太 阳 辐 射	占整体辐射的百分比
地表发出的短波辐射	4
小　计	35
地表发出的长波辐射	5
水蒸气、二氧化碳和云层发出的长波辐射	60
小　计	65
地表辐射总量	100

十八
对气候变化的测量

　　在物理学家当中流传着这样一句话：拿一支温度计的人能告诉你现在温度是多少度,而拿两只温度计的人连自己都搞不清现在到底是多少度。可见温度测量并不是一件简单的事情。

　　世界上第一支温度计是由伽利略（1564—1642）在1593年发明的。我们在图46上看到的就是这只温度计的样子,当时人们称之为检温器或测温锥。它的构造非常简单,由两部分组成。下面是装有有色水的玻璃容器,上面是一根玻璃管。玻璃管的一端插入水中,另一端是露在外面的封闭球形。当玻璃球中的空气遇热膨胀或遇冷收缩时,玻璃管中的液面就会相应地上升或下降。玻璃上刻着的相应刻度就能反映温度。美中不足的是这种温度计虽然对温度变化非常敏感但它同时也受气压变化的影响,因此测量结果有时很不准确。此后法国物理学家纪尧姆·阿门涛斯（1663—1705）对伽利略的温度计又进行了改良，但效果仍不理想。1714年，波兰裔荷兰物理学家丹尼尔·加布里埃尔·华伦海特发明了我们今天所使用的水银温度计并设计了以他的名字命名的温度标度。

随着科学的进步，今天的科学家们已经开始使用热敏电阻温度计，它可以被用来测量温度变化对电流阻力的影响，所以测量结果非常准确。尽管如此，对温度的准确测量仍不像我们想象的那么容易。

设置温度计

不管温度计的设计如何合理和精确，如果其设置的位置或地点不对的话，其测量结果仍不能被认为是准确的。比如对大气温度进行测定时必须将温度计放在阴影处。如果将温度计放在阳光下，温度计中的水银或酒精吸收太阳辐射的热量后液面上升，此时温度计显示的温度只是球形体的温度并不是周围大气的温度，因此测量结果不可信。

人们在使用温度计测量气温时经历了一个不断认识和改进的过程。18世纪时，人们普遍认为将温度计放在一个没有炉火的朝北的房间里能测量室温就足够了。后来随着园艺业的发展，人们开始需

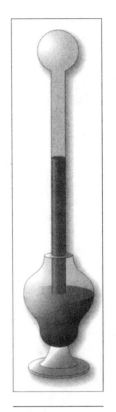

图46 伽利略发明的温度计
当玻璃球中的空气遇热膨胀或遇冷收缩时，玻璃管中的液面就会相应地上升或下降。

图 47 斯蒂文森百叶箱

要测量室外温度。这时他们认为最准确的方法就是将温度计放在太阳直射不到的墙体北侧。

18世纪后期，天气学家们发现大气实际温度往往比用这种方法测得的温度高，尤其在阳光明媚的春日里更是如此。他们经过调查发现初春时墙面刚刚经历过严冬的考验，温度回升较慢。受此影响，墙体北侧的空气温度也较低，所以温度计显示的温度低于大气实际温度。到了夏季时情况正好相反。墙体温度升高使接近墙面的空气温度也开始上升，此时温度计显示的温度高于大气实际温度。

人们想出各种办法解决这一问题，但每种方法似乎都有其不足之处。如果将温度计不是靠墙放而是置于开阔地带的话，风力可能会对其产生影响；如果将温度计置于低处或倚靠某个物体的话，它又会受到热辐射的影响。最终一家专为灯塔生产灯泡和透镜的家族企业的老板托马斯·斯蒂文森（1818—1887）想出了解决这一问题的好方法——斯蒂文森百叶箱。我们在图47上看到的就是这种百叶箱的外形。箱子本身是白色的，用以反射太阳辐射。前门安有折页可以打开；箱体是双层百叶窗板，窗板间呈V字形。百叶箱里面放置的测温仪器要求要有良好的通风条件。百叶箱置于支架上，温度计的球形体距离地面约4英尺（1.25米），这时温度计在不受地面辐射影响的情况下准确测量气温的最低高度。由于斯蒂文森百叶箱避免了阳光辐射、风力和来自地面及周围物体的热量辐射的影响，因此可以保证测量结果的准确性。一直到今天，世界各地的气象站仍在使用这种百叶箱测量气温。

顺便说一下，托马斯·斯蒂文森不仅是斯蒂文森百叶箱的发明人，他还是英国著名作家《金银岛》《绑架》和《化身博士》等书的作者罗伯特·路易斯·斯蒂文森（1850—1894）的父亲。

计量器具及其使用需要规范化

光有温度计的正确设置是不够的，读取温度记录的时间不同也不能保证人们对气温的测量就是准确无误的。比如你喜欢在早饭后测量温度，而你的邻居则喜欢在午饭后测量，那么如果你们两个人都只是读取温度计数值而忽略读取时间的话，你们两个不仅对天气变化的记录迥然不同，而且由此得出的结论也会大相径庭。

差之毫厘，谬之千里。任何测量方法上的微小变化都会导致测量结果出现大的波动。气象站使用塑料百叶箱代替了原来的木质百叶箱以及用电子温度计代替了用酒精作测温液的温度计后，其测量的最高和最低温度都下降了0.7℉（0.4℃），日温度范围则下降1.3℉（0.7℃）。

20世纪以前人们使用木质吊桶测量海水表面温度。吊桶从船旁放入海里后取得海水样本。人们以海水样本的温度作为海水表面温度。到了19世纪后期,有人开始用帆布吊桶代替木质吊桶,此时人们发现海水温度出现了变化。过了许久人们才明白是测量用的吊桶引起的这种数值变化。从吊桶被放置在甲板上到人们将温度计插入水里读取数据,这中间有一小段时间的间隔。因为帆布吊桶比木质吊桶导热快,所以这一小段的间隔使海水受空气和日照影响出现温度的上升和下降。如果当时人们能注意到吊桶材质的不同并对其加以考虑的话就不会出现温度测量上的误差了。后来到了20世纪,人们统一用帆布吊桶来测量海水表面温度。

然而事情在第二次世界大战期间又有了新的变化。为避免将吊桶放入海中时点亮的灯光所带来的危险,人们将温度计放在船的发动机的进气道上,结果测得的海水温度比原来上升了0.9℉(0.5℃)。这是因为海水从这里被吸进来后用以冷却发动机,所以水温高于实际的海水温度,但是气象中心对此一无所知。结果当科学家们对海水表面温度的长期记录进行汇编时不得不把1856年以来用木质吊桶测得的记录增加0.234℉(+0.13℃),而把20世纪早期用帆布吊桶测得的温度增加0.756℉(+0.42℃),这样才能与用新方法测得的结果吻合。

英格兰中部地区的温度记录

由于温度测量的准确性容易受到各种因素的困扰,因此很难判定过去几个世纪以来温度记录的准确性,甚至19世纪的记录也难说十分可靠。不过还是有人试图对这些历史记录进行汇编,高登·曼利便是其中之一。他对英格兰中部地区1659年以来的气温记录进行了汇总和列表。

高登·曼利在工作中遇到的最大难题是恺撒历法和格利高里历法的转换。由于恺撒历法和格利高里历法的制定方法不同，所以1752年英国开始使用格利高里历法时强制性规定9月2日之后便是9月14日。人们发现这中间有11天失落了，以此怨声载道。这种改变使曼利在对1752年9月以前的温度记录进行研究时必须调整其日期。相对而言，对日记录的调整比较容易，只需加上11天便可，但对月记录而言就麻烦多了，因为新历法使每个月开始和结束的日期都发生了变化。这不仅意味着1752年之前与1752年之后的温度测量的间隔不同，同时还使英国当时的温度记录日期有别于其他欧洲国家，因为这些国家早就已经采用格利高里历法了。

补充信息栏　英格兰中部地区的温度记录

人们只有依靠过去气候记录与当前气候记录的对比才能发现气候的种种变化。尽管很多天气学家都对气温、气压、降雨等进行了测量和记录，但由于这些人使用的测量工具、测量标度、测量地点和测量时间都不一样，所以其准确性有待商榷。缺乏统一标准的测量往往容易带来大的误差。

英国地理学家和气候学家高登·曼利所汇编的英格兰中部地区长期温度记录是目前最好的一套汇编之一。它记录了

普雷斯顿、布里斯托尔和伦敦三地之间 1659 年以来的月平均温度和 1772 年至今的日均温度记录（图48）。日均温度

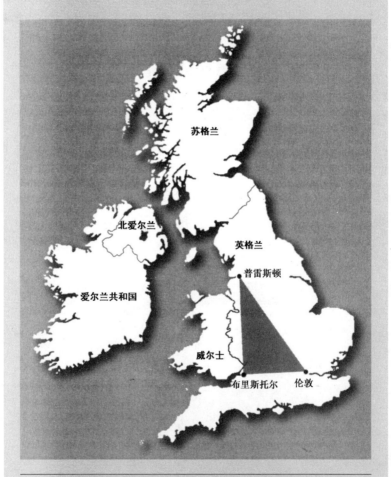

图48 英格兰中部地区的温度记录
它记录了普雷斯顿、布里斯托尔和伦敦三地之间 1659 年以来的温度。

是一天 24 小时中最低温度与最高温度的平均值。曼利对这些结果的研究于 1974 年发表在《皇家气象学会季刊》第 100 期的 389—405 页上,论文的题目是《英格兰中部地区的温度:1659—1973 年的月均温度》。他在文中所列举的温度均以摄氏度为单位。曼利一直是伦敦大学贝德福德学院的地理学教授,他还是英国皇家气象学会的主席。

曼利去世后,他的工作由英国气象局哈德雷研究中心的气候资料监控部门负责接续。有关英格兰中部地区的温度记录都保存在这里,从不对外开放。

微小温度变化的测量

气象专家的工作就是向人们提供天气预报。这些预报包括未来几天的气温以及可能出现的强风、降雪、霜冻等灾害性天气。此外,他们还要对每天的气温进行跟踪和记录。

虽然气象专家对气温的记录是非常精确的,但这些记录的主要用途并不是用来对过去几十年里的天气变化进行追踪。现在气象学家们在工作时不必理会所使用的测量方法是否一致,因为如果有什么变化的话,通常是全球统一进行的。他们也不必理睬城市向郊区的扩张是否会对某个附近的气象台站产生影响,因为这类事情通常进展缓慢,对日常温度的记录和研究影响非常小。

只有当全球范围的平均温度出现大的波动时气候才会发生变

化，而人们通常需要很长的时间才能对此有所觉察。1860年至2000年间，全球平均温度上升了0.72~1.44℉（0.4~0.8℃），平均每年增加0.005~0.01℉（0.003~0.006℃）。但是这种变化通常很不稳定。1905年至1945年间气温上升，但接下来的几年一直到20世纪80年代，气温又有所下降，此后气温又开始回升。不过这样的年度气温变化还属于正常的自然变化范围，人们对不同年份夏季和冬季的温度变化有时很难发现。

温度的测量通常用四种方式进行：地面气象台站测得的是地表温度。气象卫星负责对大气温度的监控。气象气球测得的是大气底层的温度。气象气球还可以测量空中某一高度的气压值，然后通过公式算出该高度上的温度。

气压与温度之间的关系用普适气体方程表示，即$PV=nR^*T$。其中P代表气压，V代表体积，n是质量单位为摩尔的气体样本的气体重量，R^*代表普适气体常数（每摩尔每凯氏温度8.314 34焦耳），T代表凯氏温度（凯尔文）。某一高度上的气压值与地面气压比较后便可得出该高度上的大气温度。

地面气象台站

位于陆地和海洋上的气象台站每天都在固定的时间测量和记录气温。海上气象台站由几个部分组成：一个是停泊在某一固定地点的气象船，另一个是随洋流前进的浮标，此外还有七千多只的商船作为自愿观测船随时提供海洋上的天气情况。这些商船来往于世界各地,尽管他们的航线经常改变,但基本上方向固定。这也由此引发了一个问题:他们对有些地区的海洋天气状况往往监测得过于周密和全面而对有些地区则可能根本无法监测。苏伊士运河和巴拿马运河的开通使这种情况愈加明显。尽管现在有越来越多的浮标帮助人们解决这一难题,但对南纬45°以南洋面的温度监测仍然是个空白。

土地用途的改变使陆地气象台站的工作受到影响,其中最明显的例子就是城市热岛效应(参见"城市热岛")。城市气象台站原本多位于城市机场附近的开阔地带,但是近年来都市化进程的加剧使这些气象台站也变成了城市的一部分。结果它们所测得的大气温度明显高于过去的记录,但这并不是气候变化引发的结果而是城市热岛效应在作怪。

气象气球与气象卫星

相比之下,气象气球就不会像地面气象台站那样受到各种地表情况的影响。它们有标准的测量工具和测量标准,因此测量结果较为可靠。但凡事都有好有坏。气象气球的缺点是覆盖范围小,各国使用的测量工具和对数据的处理方式也有出入,同时气象气球在世界各地的使用数量也有多有少,其中北美和欧洲使用的数量较多。因此气象气球的测量结果也不能算是十全十美。

20世纪60年代卫星被用来记录温度变化,但较准确的温度记录则是从1979年1月时开始的,此时卫星上首次安装了微波探测装置。它由美国TIROS-N系列卫星携带,用于测量对流层中氧分子发出的微波辐射。这些辐射的波长和强度可以被用来测量大气温度,其结果可以精确到 ± 0.02°F（± 0.01℃）。

地球在变暖吗

地面气象台站的温度记录显示,全球温度每10年增加0.27°F（0.15℃）,但气象气球则显示温度每10年下降0.036°F（0.02℃）,而卫星上的微波辐射装置的记录显示温度每10年下降0.018°F（0.01℃）。

这些看似矛盾的数字恰恰反映了事实的真相:地表温度的确在上升,但对流层顶部的温度则稳定不变或略有下降。

英格兰中部地区的温度记录显示该地区自从1800年以来温度上升了1.26°F（0.7℃）,其中尤以冬季最为明显。也就是说这里的冬天越来越暖和而夏天则没有什么变化。

平流层温度在高度为49 000英尺（15千米）时下降了0.9°F（0.5℃）,而在31英里（50千米）的高度上,温度则上升了4.5°F（2.5℃）。这主要是由臭氧层的消失造成的。平流层中臭氧的形成和分解等过程吸收了太阳发出的短波辐射,增加了平流层的温度,但它减少了穿透对流层到达地表的太阳辐射的数量,降低了对流层的温度（参见"辐射平衡"）。

当人们认为全球气候变暖已成必然趋势的时候,我们还必须提醒自己温度的测量是一件非常复杂的事情。联合国政府间气候变化专门委员会在其提交的《气候变化2001:科学依据》中指出:"……

1979年以来，全球地表平均温度相对于对流层来说不断上升，而对流层温度相对于平流层而言又有所上升。但是温度的这种变化存在地区差异，温度上升主要表现在热带和亚热带地区。"他们还强调地表温度变化与高空温度变化之间的差异还有待进一步研究，所以测量大气温度并不是一项简单的任务。

十九

城市热岛

　　从城里搬到农村居住的人往往觉得这里的生活完全不是他们想象中的样子,天气寒冷潮湿、道路泥泞并且还经常刮风。其实这只是他们对田园牧歌式的乡村生活向往的幻灭而已。但人们往往把它归罪于自然条件的变化。不过就农村和城市而言,两者之间还是有所差别的,并且这种差别不仅仅是风景的不同。城市温度其实高于乡村温度,也更潮湿多雨,只是风力较小。人们之所以会觉得农村降雨多是因为这里的降雨往往伴有大风并且旷野中人们也很难找到避雨的地方,道路自然更为泥泞。

　　第一个注意到这种城乡差别的是英国气象学家卢克·哈罗德(1772—1864)。他也是第一个设计出云的可用性分类的人。1818—1819年,哈罗德出版了《伦敦气候》一书,该书共分两卷。1833年又出版了该书的增订版,这次该书共分为三卷。哈罗德在书中第一次提到了城市热岛一词并且引用了温度记录来证明自己的观点。

城市降雨越来越多，而空气却越来越干燥

　　与农村相比，城市的街路和广场都是用混凝土铺设的，雨水不是被地表直接吸收而是通过排水管道流走，所以雨停后路面很快就干了。加之城市中类似于湖泊或水塘的驻水面积少于农村，植被数量也与农村相差甚远，因此城市中水分的蒸发和植物蒸腾作用比农村少很多。

　　这些因素使城市空气相对湿度比农村低6%，在温度较高的夜间这一数值可达30%。于是人们普遍认为城市气候相对较干燥，但科学家们发现事实并非如此。尽管他们对其中的原因目前还不清楚，但他们认为可能有两种原因导致这一现象。在无风而晴朗的天气条件下，暖空气聚集在城市上空，因为街道和建筑物表面温度较高，空气中多余的水分难以形成露水，所以城市空气的相对湿度实际上并不比农村低。另外，城市空气中大量的尘埃颗粒增加了云凝结核的数量，所以城市地区的降水多于农村。北美和欧洲的城市每年降水的天数比其周围的农村多6~7天，降水量多10%。夏季时的雷雨和冰雹天气也多发生在城市地区。最典型的例子是美国中西部各州处于城市下风向25英里（40千米）左右的地区。

补充信息栏　湿度

　　空气中含有的水汽的数量被称为湿度。湿度与温度有关。

暖空气的湿度高于冷空气。湿度有几种，包括绝对湿度、混合比、比湿和相对湿度。

绝对湿度表示一定体积空气中的水汽质量，通常用克／立方米表示（1克／立方米相当于0.046盎司／立方码）。通常温度和压力的改变可以使气体体积发生变化，并且改变空气中含有的水汽。绝对湿度不考虑温度和气压变化导致的湿度变化，因此很少被人们所使用。

混合比测量的是一定体积的干空气中含有的水汽数量。比湿与混合比类似，它所测量的是一定体积的湿空气中含有的水汽。二者的单位都是克（水）／立方米（空气）。由于空气中带有的水汽数量非常少，通常不到空气质量的4%，因此混合比和比湿常被看做是一回事。

我们在生活中最熟悉的湿度是在天气预报中经常提到的相对湿度。它可以通过湿度计进行测量。相对湿度指单位质量的空气中水汽的质量与该空气达到饱和状态时含有的水汽质量的比，常写成百分数，但有时百分比符号可以被省略。

城市的阳光不再那么明媚

每年城市里的日照时间比农村少5%~15%，吸收的太阳辐射总量少15%~20%，紫外线辐射在夏季时比农村少5%而在冬季则少

30%,所以住在城里的人要想多享受点阳光的话,最好的选择就是到农村去。城市中的建筑群是导致这一后果的原因。建筑为城市地面带来阴影区,建筑越高阴影面积越大。另外夏冬两季太阳高度角的变化也影响地面阴影的面积。冬季时太阳高度角低,因此城市街道阴影面积大。街道两旁高低错落的建筑物构成了城市峡谷。受建筑物朝向的影响,"城市峡谷"两侧建筑物墙面吸收阳光辐射的数量不同,阳光照射到其表面的时间也不同。

到达地面的阳光经过一系列的反射后,其热量被建筑物吸收(见图49)。建筑物吸收热量后温度上升,开始向四周辐射热量,因此尽管城市峡谷的阴影面积大,但受建筑物辐射出的热量的影响,其空气温度变得较高,夏季时甚至让人觉得有些炎热。冬季时的阳光辐射虽不如夏季强烈,但由于建筑物供暖系统产生的室内暖空气不断渗透到室外空气当中,因此冬季的城市温度仍高于农村地区。冬季时城乡间的温差在夜晚最为明显。夜晚降临时,农村开阔地带上的土壤、植物及建筑物释放出它们白天时所吸收的热量,空气对流使这些热量逃逸到

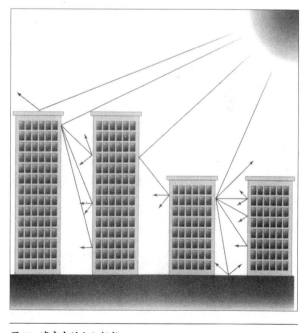

图49　城市中的太阳辐射

太空,因此温度下降。同样的情况虽然也在城市中发生,但从建筑物里面渗透出来的暖空气大约能弥补1/3或更多因地表辐射而损失的热量。

除了建筑物产生的阴影外,城市中的大气污染是导致城市日照少于农村的另一个原因。大气中的污染物颗粒使阳光在穿过大气层时产生过多的折射和反射,从而减少了到达地表的太阳辐射量。如果太阳高度角较低的话,太阳光在大气中穿行的距离较长,与大气中污染颗粒接触的机会较多,产生的折射和反射也更多,到达地表的太阳辐射能减少1/3。空气中的污染源主要来自煤炭燃烧所产生的烟尘。所以自从人们使用煤炭作为家庭取暖的主要来源之后,城市地表接收的太阳辐射量就开始大幅度减少。以英国伦敦为例,烧煤使该市过去每天的日照时间减少了44分钟。大气中的烟尘还能吸收地表发出的红外线辐射,有提升城市夜间温度的作用。有些城市为了解决这些问题不得不下令禁止使用煤炭作为取暖燃料,结果这些城市又有了阳光明媚的好日子。

除了城市峡谷以外,城市里的风越来越小

城市里的平均风速比农村低30%,而无风的日子则比农村多5%~20%。受建筑物影响,城市里的风经常是阵风,并且风向不定容易出现乱流涡旋风和升降气流。建筑物与风向成一定角度时能降低风速,但当风向与街道走向相一致时,风力则会加速,产生狭管效应,制造出强风。这种情况经常在城市峡谷地区发生。

狭管效应是指风被迫通过一个很细的通道时产生的风速加速现象。城市里的风经常是在建筑物之间穿行，风向与街道走向一致。风在狭窄的街道空间穿行时，为了与其上方和周围的空气流动速度保持一致不得不加速通过才行，否则的话就会出现空气在城市一端聚集而在另一端减少的结果。

城市热岛与城市圆顶

建筑物辐射出的热量、夜晚大气微粒吸收的红外线辐射、风速的降低以及成千上万的汽车发动机排放的热量等都使贴近地面的空气被加速烘热，整个城市宛如一个"热的岛屿"矗立在周围乡村较凉的"海洋"之上。

城市白天的温度上升迅速，尤其在夏季，清晨与正午时的温差可达31℉（17℃）。到了秋季，温度在夜间下降，但黎明前时的温度仍然比周围农村地区高出14℉（8℃）。这种温差变化在卫星用红外线拍摄的照片上看得最清楚。

在晴朗而无风的夜晚，城市上空的暖气团上升形成一个低压区，周围农村地区的冷空气向城市低压区汇集，形成了吹入城市的冷性轻风，人们称之为乡村微风。

除了乡村微风外，城市热岛效应还能产生另一种风。白天，城市气温被太阳和热岛加热升高，空气运动将这些热量带至城市上空。日落以后，城市失去了太阳的烘烤，地表温度下降，但建筑物和汽车等还继续散发着剩余的热量。这些余热以极其缓慢的速度加热着城市夜间的冷空气，但地表温度比高空中的大气温度还是凉了很多。因为冷空气在下，热空气在上，所以城市上空出现逆温层。逆温层使上升的城市气流受阻，只好向两侧运动。空气离开市区向周围流动时继续释放热量，温度下降，密度加大，在城市郊区下沉后流回城市，形成低空微风。这样在城市中就出现了一个在中心区地表汇集，在逆温层下分离的空气环流（见图50）。上升的城市空气在逆温层下成圆顶形的空气层，人们称之为城市圆顶。

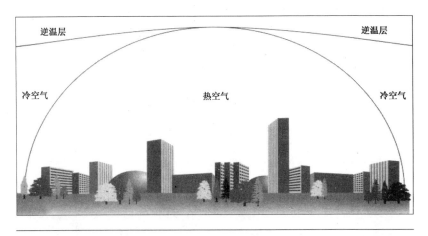

图50 城市圆顶

热岛与全球变暖

位于市区的气象台站测得的大气温度往往比位于农村的气象台站测得的温度高。但这对气候的研究无关紧要，因为假设气候真的有所变化的话，这两个气象台站都会有温度上升或下降的记录。如果只是城市气象台站的记录显示温度上升而在乡村气象台站并没有这一记录的话,这种温度变化只能是城市热岛效应的影响,可以忽略不计。

但假如原本一个位于农村地区的气象台站因城市扩张而变成了一个位于市区里的气象台站的话,那么它的测温记录里则会出现温度上升的结果。如果以此为依据研究气候变化的话,气候学家们必须考虑到这其实只是城市热岛效应产生的结果,与真正的自然界气候变化无关。但要做到这一点很难,因为城市热岛效应对空气温度的影响与温度的自然变化之间的差异通常需要10到15年的时间才能明确显现出来。在此期间气象台站有关温度上升的记录很难被判定为仅仅是都市化进程带来的结果。所以人们对这样的温度记录进行研究时必须考虑到它与大气实际温度之间的差异。研究表明,1900—1990年间的都市化进程使大气温度大概升高了0.09℉(0.05℃),而联合国气候变化专门委员会(IPCC)的气候专家们则认为到2000年时因城市热岛效应产生的温差可能是0.22℉(0.12℃)。有些人认为这一数字也只是保守估计。因为不仅城市有热岛效应,就是农村也会受到其影响。一个人口超过1 000的村庄就是一个"热岛",它的平均气温比周围地区高出3.6~4.5℉(2~2.5℃)。就连位于郊外的大型超市也能产生热岛效应。所以热岛效应对温度的影响与人口规模有关,有时可以使温度上升22℉(12℃)。

极轨卫星NOAA-9和NOAA-14上携带的甚高分辨率辐射仪对美国得克萨斯州休斯敦市的城市热岛效应进行了研究。数据显示,1987年到1999年之间,休斯敦市夜间地表温度上升了1.46~1.49℉(0.81~0.83℃)。在此期间人口则增加了30%,两者之间成正比。人们由此判定休斯敦市气温上升完全是热岛效应的影响，与自然界变化无关。

　　城市热岛的的确确存在着，它使城市温度远远高于周围农村地区。也许现在该是人们正视其影响的时候了。

二十
海面在上升吗

在铁路成为货物和旅客运输的主动脉之前,海运是最方便快捷的交通方式。所以世界上的许多大城市都临水而建,有的只略高于海平面。如美国马里兰州的巴尔的摩市只高出海平面13英里(4米);南卡罗来纳州的查尔斯顿市高出海面10英尺(3米);路易斯安那州的新奥尔良市高出海面6.5英尺(2米);英国伦敦高于海面16英尺(5米),而法国的马赛市则高出海面13英尺(4米)。

由于这些城市只高出海面几英尺,因此人们担心一旦海面上升的话将会对这里的人员和财产安全造成巨大损失,许多城市甚至可能会被海水淹没。人们尤其担心全球气候变暖可能给这些地区带来的危害。但是如果我们看一看过去的历史记录以及科学家们对未来气候做出的最科学的预测的话,这些担心都不过是杞人忧天罢了。

冰原的扩张与后退

造成海平面有升有降的原因多种多样,但其中最主要的是冰期时冰原的扩张与后退。冰原蕴含着大量的水。今天格陵兰岛和南极地区的冰原上总共有685万立方英里(2 856万立方千米)的冰。再加上山谷冰川和冰帽所蕴含的冰,地球上冰的总量为690万立方英里(2 874万立方千米),占全球淡水资源总量的75%。在地球经历的最近一次冰期的最寒冷时期里,地球上冰的总量达1 889~1 961万立方英里(7 874~8 174万立方千米)。

地球上所有的冰都是由海水形成的,它们是海水在陆地上的贮存方式。冰融化后重新回到大海,但在陆地上会留下一些标记。在许多沿海地区人们都找到了这些标记。它们包括与贝壳混在一起的砂石和圆形的鹅卵石等。这些石块通常位于距离海岸较远的位置,人们将其称为上升海滩。上升海滩标志着历史上这些地区的海平面远远高于现在。在巴布亚新几内亚的海岸上,人们发现了生活在浅水中的珊瑚虫的遗骸。这些遗骸现在高出海面1 312英尺(400米)并且已经有12.5万年的历史了。

如果目前地球上所有的冰都融化的话,海面将上升230英尺(70米),届时世界上的许多城市都将变成一片汪洋。

地壳均衡说与冰川后退

地壳由岩石组成,位于地幔的上方。地幔在高温和高压的作用下具有可塑性,像液体一样支持着地壳的活动。根据阿基米德定律,漂浮在液体中的物体都会受到向上的浮力的影响,浮力等于物体所排出的液体的重量。为了力求达到均衡,轻的固态物质要漂浮于液态重物质之上。 比如冰的密度是水的密度的90%,所以冰的体积有10%浮在水面上。地球的固体地壳漂浮平衡于液态地幔之上。厚度大的地壳有较大重量,但因其下沉深,所以所获的浮力大;厚度小的地壳重量小,但因其下沉浅,所以获得的浮力也小,两者都能达到均衡。这就是地质学家所说的地壳均衡说。

由于地壳与地幔的密度不同,浮在地幔上的地壳有一部分位于地幔之上,其余则位于地幔之中,比如世界上许多高山的山根都是直接插入地幔之中。 就像船只装满货物后吃水线加深一样,当地壳的重量增加时,地壳中的岩石就会陷入地幔之中,目前格陵兰岛的冰原厚度为1万英尺(3 000米),而南极冰原的厚度为6 900英尺(2 100米),体积如此巨大的冰原在冰期时曾覆盖了地球上的大部分地区,使得地壳在压力的影响下出现下陷,导致相应数量的海水上升。当冰期结束冰原融化时,地壳开始回弹上升。尽管回升的速度非常缓慢,但最终地壳还是会回到原先的高度而海水也下降到原来的水平。地壳的这种运动只在冰原覆盖地区或其附近边缘地带发生,并且今天人们仍然看到这种变化。同时地壳的回升还抵消了因冰层融化而导致的海平面的上升。

冰期时地壳下陷导致的海平面上升在很多地区都留下了上升海滩的标记。在波罗的海沿岸及美国哈德逊湾附近,人们发现1.4万年前的海平面高度曾一度高出现在1 000英尺(300米),这也是地壳在冰期过后回弹的高度。斯堪的纳维亚半岛附近的地壳在冰期后回弹了 1 700 英尺（520 米），但地质学家们认为当时地壳的下陷深度可能达到 3 000 英尺（1 000 米），因此他们相信目前斯堪的纳维亚半岛仍处于上升之中。苏格兰岛在冰期结束后也有回弹，但其幅度与海水受冰原融化影响上升的幅度相当，因此整体上其海平面高度没有什么变化。

此外，受冰原融化和海水上升影响，世界上许多地区出现了沿海侵蚀现象。海水的内灌使陆地上岩石等物质被海水带入海底。这些物质沉积后进一步抬升了海面高度。

热膨胀与热存储

海水受温度影响而产生的热胀冷缩也能影响海平面高度。整个 20 世纪的海平面上升有 1/3 是海洋的热膨胀造成的。

人类活动也能影响海平面变化。水库的用途之一就是储存水资源，同时我们还将地下水抽上来储存在废弃的矿井中以备后用。这些做法阻止了水分在陆地和海洋间的循环，降低了海平面高度。但有时人们对地下水的过分开采和使用又使这些水分最终回到了海洋，提高了海平面的高度。

种种自然界变化和人类活动都使海平面的高度处于不断变化之中。其中，有些因素是我们人类无法控制的，但有些则不是。比如人类可以用修建海墙的方式阻止海水倒灌，减轻沿海侵蚀。但许多专家认为如果这种侵蚀并不危及人类安全的话，最好还是任其自然发展。人们要想确切了解人类活动和天气变化对海平面造成的影响，必须对其进行长时间的观察和准确的测量并且尽可能排除其中一些自然界本身引发的变化。

有关海平面的历史记载

测量海平面变化的仪器被称为验潮仪，它被用来记录浮标的运动。海潮涨落和海平面高度的变化被记录在用滚筒扫描仪给出的曲线上或直接输入计算机中。通过这些记录人们能测量海水的平均潮位及其变化。

其实有关海平面变化的记录历史并不长，最早的记录大概是在1841年。当时人们在塔斯马尼亚岛阿瑟港附近的死神岛的一块岩石上刻下了海水平均潮位的基准线（参见补充信息栏：死神岛）。根据这一记录，死神岛附近的海面自从1841年以来有缓慢上升。除了这些有限的历史记录以外，人们对早期海平面变化的研究还可以借助于海底沉积物间接进行。

补充信息栏 死神岛

澳大利亚的塔斯马尼亚岛于1642年被荷兰航海家阿贝尔·塔斯曼发现。他以出钱让他远航的首相的名字命名这个岛为 Van Dieman's Land。

塔斯马尼亚岛在19世纪时是英国囚犯的流放地。当时这里的长官托马斯·莱普埃尔对海潮和天气变化进行了详细的记录。1841年6月，南极探险家詹姆斯·克拉克·罗斯爵士（罗斯海就是以他的名字命名的）来到塔斯马尼亚岛。莱普埃尔向罗斯介绍了自己的气象和海潮记录并向他讲述了自己在验潮仪上遇到的问题。原来流放到这里的囚犯经常对这些验潮仪进行破坏，莱普埃尔不得不将其转移到新的位置。在这次谈话中他们两人不约而同想到了一个绝妙的主意，那就是在岩石上做一条永久性的标记以记录海水的平均潮位。这样的标记被称为基准线。在记录其探险经历的《在南半球和南极的探索与发现：1839—1843》一书中罗斯提到了1841年他和莱普埃尔共同刻下的这条标记。平均潮位是指海潮高度的最大值与最小值之间的平均数。当时罗斯他们都认为这样的一条标记应该位于阿瑟港周围2英里范围内的一个小岛上，并且该地点应该不受暴雨引起的巨浪的影响。最后他们选定了死神岛。之所以称其为死神岛是因为该岛专门用来埋葬死人，囚犯们都认为这里太阴森吓人所以很少光顾这里，这也就保证了验潮仪不会受到人为破坏。

20世纪90年代，一个对气候学有着强烈兴趣的塔斯马尼亚岛居民约翰·L·达利偶然间读到了关于这一事件的记录，于是他便出发来到死神岛寻找这一标记，结果真的在书上提到的位置那里找到了这条于1841年6月1日刻上去的基准线。

尽管人们对死神岛上的基准线的意义还有争论，但

1888年英国气象学家卡蒙德·J·肖特提出当地的海水在1841年以后的确比基准线上涨了1英寸（2.5厘米）。这一变化与目前澳洲西海岸的海平面变化相一致。澳洲西海岸的海平面每年都有升降变化,其范围从每年下降0.034英寸（0.95毫米）到每年上升0.054英寸（1.38毫米）。

未来海平面会上升吗

没人能说得清海平面变化的范围究竟有多大。政府间气候变化专门委员会（IPCC）根据气候模式测得的结果认为,1910—1990年间全球海平面的年度变化介于-0.032英寸（-0.8毫米）到+0.09英寸（+2.2毫米）之间,平均每年上升0.06英寸（1.5毫米）。表12对造成这种变化的因素进行了列举。

表12 1910—1990年的海平面变化

原　因	每年最小值英寸(毫米)	每年中心值英寸(毫米)	每年最大值英寸(毫米)
海水热膨胀	0.012（0.3）	0.020（0.5）	0.028（0.7）
冰川和冰帽的融化	0.008（0.2）	0.012（0.3）	0.016（0.4）
20世纪格陵兰冰原	0.0（0.0）	0.002（0.05）	0.004（0.1）
20世纪南极冰原	-0.008（-0.2）	-0.004（-0.1）	0.0（0.0）
最近冰川期的最冷时间的冰川	0.0（0.0）	0.010（0.25）	0.02（0.5）

原　　因	每年最小值 英寸(毫米)	每年中心值 英寸(毫米)	每年最大值 英寸(毫米)
永久冻土带的融化	0.0（0.0）	0.001（0.025）	0.002（0.05）
陆地沉积	0.0（0.0）	0.001（0.025）	0.002（0.05）
陆地存储量	−0.04（−1.1）	−0.01（−0.35）	0.02（0.4）
总　　量	−0.03（−0.8）	0.03（0.7）	0.09（2.2）

（来源：政府间气候变化专门委员会第三次评估报告）

　　表中提到的陆地沉积作用是指陆地上的物质被海水和沿海侵蚀带入海洋后对海底高度的提升作用。陆地存储量一项的数值较难确定，因为它包括方方面面的东西，比如水库中的水和地下水等。有时土地用途的改变也可以使水分储存在陆地上而不是回归海洋。陆地存储量的增加能导致海平面下降，但有时地下水的过分开采或农田灌溉又可能使海平面上升。

　　基于对各种原因的考虑，人们预测20世纪时海平面的高度可能会以每年0.03英寸（0.7毫米）的速度上升。当然海平面在不同年份也有升有降，其中最小值是每年−0.03英寸（−0.7毫米），最大值为每年+0.09英寸（+2.2毫米）。如果这些预测都准确的话，那么100年后海平面的变化可能是两种结果——要么下降3英寸（8毫米）或上升9英寸（22毫米）。

　　对海平面高度的预测取决于未来的全球气候变化。如果气候变暖的速度一直是稳定平缓的，那么预测可能就是最现实的；如果气候变暖的速度加快的话，那么海平面的上升也会加速。反之气候变暖减弱，则海平面高度的变化幅度也将缩小。

根据8个计算机模拟情景的演示结果,IPCC估计在1990年到2100年之间全球海面将平均上涨4.3~30英寸(0.11~0.77米),其中最理想的结果是19英寸(0.49米)。表13中列举了产生这些变化的原因。

表13　1990—2000年海平面变化

原　　因	英　　寸	米
海水热膨胀	4.3~17	0.11~0.43
冰川融化	0.4~9	0.01~0.23
格陵兰冰原	−0.8~3.5	−0.02~0.09
南极冰原	−6.7~0.8	−0.17~0.02
总　　量	4.3~30	0.11~0.77

(来源:政府间气候变化专门委员会第三次评估报告)

二十一

全球变暖

　　1985年位于奥地利拉克森堡的国际应用系统分析学会召开了由联合国环境署(UNEP)专家和国际科联专家出席的一次会议。这次会议主要讨论全球变暖问题并为制定控制该问题的国际性条约进行先期准备。此时气候专家已对温室效应理论进行了研究，并认为化石燃料燃烧所释放出的二氧化碳使大气组成成分发生了改变。大气中的二氧化碳含量的增加使自然界本身固有的温室效应进一步加强，导致全球温度上升。

　　科学家们提出的这一观点是有理论依据的。位于夏威夷群岛上的摩纳罗阿观测站和位于南极地区的观测站都对1958年以来大气中二氧化碳含量的变化进行了连续性的跟踪记录。记录显示大气中二氧化碳含量的增加是一个全球性的问题，不单单只集中在某一个区域。由于这两个监测站均远离工业化中心并且相距甚远，因此其记录结果非常具有说服力。

摩纳罗阿观测站和南极观测站只提供了从1958年到1985年27年间二氧化碳含量的变化。这与气候变化的速度相比是似乎短了些,但海底沉积物和冰芯可以为人类提供历史更为久远的记录,只是这种记录的连续性稍差一些。

人们对大气在组成成分发生改变后可能会做出的反应知之甚少。大气运动、云量的改变等都可能对全球变暖趋势产生影响,并且可能导致这种趋势在全球的分布呈不均匀状态。

政府间气候变化专门委员会(IPCC)

1988年,联合国环境署和世界气象组织(WMO)联合组成了政府间气候变化专门委员会(IPCC)。由于世界气象组织隶属于联合国,因此政府间气候变化专门委员会实际上也是联合国所属的一个机构。政府间气候变化专门委员会本身并不是一个研究机构,它的主要职责是在对全球各地的科研人员所提供的各种信息进行分析的基础上向各国政府提出建议。

政府间气候变化专门委员会成立之初就分成了三个工作小组。第一个小组的工作任务是对有关气候变化的各种情报进行评估;第二个小组的工作则是对气候变化引起的环境问题和社会经济发展问题进行评估;第三个小组的任务是负责制定有关处理气候变化问题的响应策略。他们相信由于气候变化已经是既成的事实,并且人类活动正加剧这一变化,因此有必要协调国际间的各种反应以应对问题的严重性。三个小组工作的最终目的是为全球各国政府首脑签订气候条约提供基本信息。自从《联合国气候变化框架公约》签署以来,政府间气候变化专门委员会还承担了为联合国气候变化框架公约(UNFCCC)成员国会议(COP)提供科学、技术和社会经济建议的工作。

迄今为止,政府间气候变化专门委员会已经分别于1990年、1996年和2001年编写和出版了3个评估报告。每个评估报告都包括由3个工作小组提供的不同汇报,一个决策者摘要和总结。此外政府间气候变化专门委员会也相继组织完成了1992年气候变化补充报告及一系列特别报告和技术报告。

第三次评估报告

在政府间气候变化专门委员会的三个工作小组中,只有第一工作小组(WGI)负责对气候变化的各种科学依据和有关未来气候变化的各种预测进行评估,其工作量是非常巨大的。在政府间气候变化专门委员会的第三次评估报告中,第一工作小组提供了题为《气候变化2001:科学依据》的报告,其长度达881页,共有14章、7个附录和1个索引。参与写作的作者多达122人。此外还有515人向该报告提供了草稿。报告完成后除了由420位专家进行审校外,还征求了世界各国上百位政府首脑和官员的意见。报告的最终稿在2001年1月17—20日于上海举行的第一工作组第八次会议上被通过。

2001年的评估报告指出,20世纪全球平均温度增加了0.72~1.44℉(0.4~0.8℃),而20世纪90年代则是本世纪最热的10

年。在温度上升幅度中，夜间温度的升高占了3/4，日间温度的升高占1/4。这一结果导致日较差范围缩小。报告指出全球的永久性冰雪覆盖面积自从20世纪60年代以来下降了10%，北冰洋面积越来越小，海水越来越浅。20世纪北半球中高纬度地区的降水量每10年增加0.5%~1.0%，热带地区每10年增加0.2%~0.3%，但赤道地区最近几十年来的降水量则没有明显增加。北纬10°~30°地区的降雨量每10年下降0.3%。20世纪海平面上升高度为3.9~7.9英寸（10~20厘米）。

报告还指出在包括南极在内的南半球某些地区，气候并未出现变暖的趋势。与1978年拍摄的卫星照片相比南极海冰的数量没有明显变化。

批评意见

人类活动向大气排放的二氧化碳及各种微粒都对气候有着显著的影响，为此，政府间气候变化专门委员会第三次评估报告构造了35种不同温室气体排放情景，基本上涵盖了理想情况（人口增长得到控制，技术迅速改进，经济迅速发展）到不理想情况（人口不断增长，技术和经济发展缓慢）之间的各种情况。科学家使用35个复杂气候模式，对6种代表性温室气体排放情景下未来100年的全球气候变化进行了预测。结果表明：全球平均地表气温到2100年时将比1990年上升2.52~10.44℉（1.4~5.8℃）。海平面上升的高度为4.3~30英寸（11~77厘米）。

政府间气候变化专门委员会在第三次评估报告中对全球气候变化提出了各种预测，其中有些观点遭到了质疑。

报告指出在6个代表性温室气体中，二氧化硫的排放能使温度上升10.44℉（5.8℃）。但人们在对所有气候模式计算后发现其增温幅度可降低8.1℉（4.5℃）。还有人提出二氧化硫在大气中产生的硫酸盐气溶胶对大气有降温作用。气候变暖的原因不是二氧化硫排放量的增加而是二氧化硫排放量减少后大气中的硫酸盐气溶胶也在减少，降低了它们对大气的降温作用从而使气候变暖。

政府间气候变化专门委员会报告中引用的6个代表性温室气体排放情景都提到二氧化硫的排放量在未来有可能下降。这主要集中在工业化国家，特别是在欧盟和美国等地区，导致这一现象的原因是这些地区的酸雨数量在相应减少。但从全球范围看，温室气体的排放量有增无减。亚洲、拉丁美洲以及非洲等地的工业化进程使化石燃料的燃烧量逐年增加。在工业发达国家普遍采用的能去掉废气中硫化物的低硫燃料和技术在这上述地区还不可能广泛普及，并且这种技术也只能减少硫化物的排放，并不能完全清除二氧化硫物质。即使这种做法能在全球范围内得到广泛应用，化石燃料的使用仍会使大量的硫化物进入大气。所以人们很难断言大气中的二氧化硫含量能在未来有所下降，同时人们也很难对未来温度变化做出乐观的估计。

政府间气候变化专门委员会认为大气中二氧化碳的排放量每年以指数为1%的复利形式增长。前一年排放量的1%与前一年排放量相加后作为下一年排放量的计算基础。照此计算，大约70年后大气中二氧化碳的含量将增加1倍。但实际情况是大气中二氧化碳的含量只以单利的形式增长，需要用120年的时间才能使含量增加1倍。

同时二氧化碳含量增加速度的放缓与燃料使用效率的提高有关。几十年前,欧洲家庭轿车使用1加仑汽油能行驶25英里(11千米),但今天同样的汽车使用同样的油耗却能行驶35英里(15千米)。新的家用电器设备也比老式的设备更节省能源而且价格更低。各种制造业也正努力提高生产效率以降低成本。有些新兴的工业国家目前还在使用欧美已经淘汰的设备进行生产,因为他们的劳动力价值低,所以产品还具有一定的竞争力。但是这种优势最终会随着经济发展和劳动力工资水平的上升而逐渐丧失,因此他们最终也会像发达国家那样选择更有效率的机器进行生产,进而降低二氧化碳的排放量。

大气中其他温室气体的含量也有可能下降。氟利昂及其相关产品因为能破坏臭氧层而被许多国家禁止使用,目前它们在大气中的含量已开始下降。政府间气候变化专门委员会在第三次评估报告中预言大气中甲烷的含量将有所增加,但实际情况并非如此。自从20世纪80年代以来,甲烷的排放速度已呈下降趋势并且现在接近于零增长。

关于经济发展的疑义

报告对温室气体排放量的预测建立在经济发展预测的基础之上,认为目前世界上许多国家正在走工业化道路,这一过程必将导致温室气体排放量的增加。但有些专家对这些经济发展预测也提出了质疑。

GDP是政府间气候变化专门委员会进行气候研究的基础。它是指一个国家在一段特定时间(一般为一年)里所有生产产品和货物的总值,通常按市场汇率(MEX)将其转化为各国货币,一般为美元。它的缺点是没有考虑各个国家不同的购买力水平,所以包括联合国统计委员会在内的许多经济学组织和专家们已经放弃了对GDP的使用,改用购买力平价(PPP)作为衡量标准。PPP是衡量使用不同货币的两个国家或地区的经济水平、收入水平的一种计算法,用相等的汇率比较两种货币各自的国内购买力。与GDP不同,PPP不受外汇交易价波动的影响,因而它的比较结果更为可靠。因为如果使用国际汇率,就会由于发展中国家的货币在国际市场过弱,而低估国内消费者与生产商的购买力。人们用PPP取代市场汇率,重新对经济增长做出预测后发现,政府间气候变化专门委员会根据6个温室气体排放情景提出的温度上升幅度应减少15%。如果对经济增长还能做出更准确的预测的话,相信幅度还会下降。

人口对温室气体的排放也有影响。政府间气候变化专门委员会在报告中提到的2100年的人口数量只是引用了联合国做出的一个大致推算,并且分别给出高、中、低3种变量,这就使得报告中的一些结论难免有失偏颇。

撰写报告的专家们面临的最大问题是:无论这些专家对大气科学有多么的精通和了解,他们做出的一切预测最终还是要依靠人类在未来有可能做出的各种反应来验证。要想对人类的种种反应做出合情合理的预测又岂是一件易事!如果大气中温室气体的含量继续以目前的速度增加的话,那么到2100年全球平均温度可能只会上升2.7~3.6°F(1.5~2.0℃)。这是政府间气候变化专门委员会在报告中做出的最保守的估计。

二十二
气候模式

　　地质学家在研究某种岩石的抗压强度时可以先用一块样本验证它实际能承受的压力数值;生态学家在研究生态问题时也可以划出一小块实验区,他们将实验区的生态环境人为改变后可以将其与自然状态下的生态环境进行对比从而得出有实践依据的结论。气候学家则不同。气候学家对问题的探讨似乎只能是理论上的研究和推测,因为它无法对现实世界中的气候条件进行改造以观察其变化后的真正影响。任何一种天气现象都不是孤立发生的。比如夏季里普普通通的一次雷雨就受到大气运动、地表水分蒸发及风力的影响。另外天气变化往往是大规模发生的事件,根本不适合在实验室里进行研究。比如一次降雨的范围可能就和一个城市大小差不多,覆盖了方圆8~20平方英里(21~52平方千米)的面积,而其垂直范围则可达距地表35 000英尺(10.7千米)的高空。

模式的建立

能帮助气候学家们摆脱这种困境的方法就是建立气候模式。所谓模式就是对现实世界的一种模拟。我们每个人的大脑中都有模式帮助我们认识周围的世界并对某些未来发生的事情进行预测。比如你过马路时看见远处有一辆汽车正向你驶来，并且很有可能在你走到马路中间时撞上你，所以你应该等车过去后再走。这种结论就是你大脑中的模式对车辆运动速度及可能产生的碰撞后果进行计算后得出的。

气候模式就是利用数学方法对天气变化进行模拟。气体定律、直减率和稳定性等法则是它的基础。大气各种组成气体的温度、压力及体积之间的关系可以用气体公式进行运算（参见补充信息栏：气体定律）；直减率帮助人们认识大气温度与高度之间的关系（参见补充信息栏：温度直减率与稳定性）；干绝热直减率和湿绝热直减率与大气温度、高度之间的关系使气候学家对大气的稳定性有所了解；空气湿度与温度之间的比例关系也是用数学方法对大气运动进行模拟的理论基础。

建立气候模式并不是一项简单的工作。空气和空气中的水分处于不停的运动之中，蒸发、凝结、升华和固化都吸收和释放出潜热（参见补充信息栏：潜热）。对这些过程进行模拟要涉及一系列复杂的运算和公式。二氧化硫和二氧化氮的排放能影响大气的组成成分，并且由此产生的气溶胶还能使气候发生改变。此外土地用途的改变和云的形成使地球反照率也发生变化。这些都是决定模式能否取得成功的关键。

补充信息栏 气体定律

　　气体的温度、压力和体积之间的关系可以通过一系列的气体定律进行运算。这些定律一并被称为状态方程式。

　　1662年，爱尔兰物理学家罗伯特·波意尔（1627—1691）发现一定量的气体的气压与其体积成反比，即 $PV=$ 常数。其中 P 代表压力，V 代表体积。在英语国家这一公式被称为波意尔定律。

　　过了大约15年，法国物理学家爱顿·马利奥特（约1620—1684）发现波意尔定律只在大气温度保持不变的情况下才是正确的，因为气体受热后体积会膨胀。波意尔定律在法语国家又被称为马利奥特定律。

　　1699年，法国物理学家纪尧姆·阿门涛斯（1663—1705）给出了计算气体压力、温度和体积之间关系的阿门涛斯定律。该定律假定气体的体积不变时 $P_1T_2=P_2T_1$。其中 P_1 和 T_1 代表气体的初始压力和温度，T_2 代表改变后的气体温度，P_2 则代表温度改变后的气体压力。

　　后来法国物理学家和数学家雅克·亚历山大·恺撒·查尔斯（1736—1823）在1787年重复了阿门涛斯所做的实验，发现在压力一定的情况下，气体体积与温度之间成正比，即 $V\div T=$ 常数。人们将其称为查尔斯定律。

　　查尔斯还发现只要温度上升1℃，气体体积就会比在

0℃时增加1/273。这就意味着只要将温度降到–273℃，气体的体积将会是零。这一温度被认为是绝对零度，在凯尔文温标中为0，相当于–273.15℃（–459.67 ℉）。

在波意尔定律和查尔斯定律基础上发展起来的压力定律认为如果气体体积保持不变的话，那么气体温度与气体压力之间成正比。

人们将上述定律归纳为 $PV=nR^*T$，这就是普适气体方程。其中 n 代表气体总量，R^* 代表气体常数（8.314 34 J·K^{-1}·mol^{-1}）。气体的体积等于气体的质量 (m) 乘以气体的密度 (ρ)，如果用某种特定气体的常数 R 代替普适气体常数 R^*，该方程又可以写作 $P=\rho RT$。

补充信息栏　温度直减率和稳定性

随着高度的增加，空气温度递减，这种现象称作温度直减率。当干燥空气绝热冷却时，高度每增加1 000英尺（1千米），温度下降5.5 ℉（10℃），这叫做干绝热直减率。

当不断上升的空气温度下降到一定程度时，其水汽开始凝结成水滴，这种温度叫做露点温度。而此时所达到的高度叫做抬升凝结高度。凝结时会释放潜热，这样空气会变暖。因此在这之后空气就会以较慢的速度冷却，这叫做湿绝热直减率。湿绝热直减率会有所变化，但平均来说每上升1 000英尺（1千米），温度下降3℉（6℃）。

气温随着高度的增加而递减的实际比率，是通过比较空气表面的温度，即对流层顶的温度（中纬度约 –55℃，即 67℉）和对流层顶的高度（中纬度约 7 英里，即 11 千米）而进行计算的。计算的结果叫做环境推移率。

如果环境推移率低于干绝热直减率和湿绝热直减率，上升的空气就会比周围的空气冷却得快，所以上升的空气

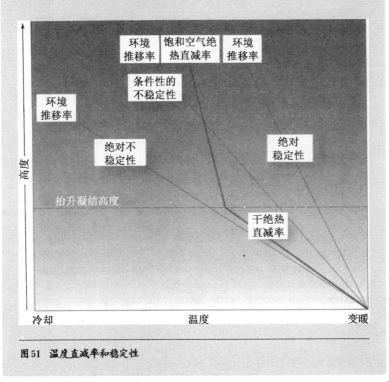

图51　温度直减率和稳定性

比较冷，易于下降到低处。因此这种空气具有绝对稳定性。

如果环境推移率高于湿绝热直减率，那么按照干绝热直减率和湿绝热直减率衡量，正在上升和冷却的空气会比周围的空气暖，因此空气会继续上升，这种空气具有绝对不稳定性。

如果环境推移率高于干绝热直减率，但是低于湿绝热直减率，尽管上升的空气干燥，但它会比周围的空气冷却得快。但是它一旦升到抬升凝结高度之上，就会比周围的空气冷却得慢。最初空气是稳定的，但是一升到抬升凝结高度之上，就变得不稳定了。这种空气具有条件性的不稳定性。如果空气没有达到抬升凝结高度之上的不稳定条件，它就具有稳定性。

如果环境推移率低于干绝热直减率和湿绝热直减率，空气就具有绝对稳定性。如果环境推移率高于湿绝热直减率，空气就具有绝对不稳定性。如果环境推移率低于湿绝热直减率但高于干绝热直减率，空气就具有条件性的不稳定性。

模式的发展

经度和纬度将地球表面划分成不同的区域，建立气候模式的第一步也是先要在空中将地球表面划分成不同的三维网格，然后借助先进的计算机系统利用数据计算每一个网格中的大气条件及其对相邻网格区域的影响,并且每30分钟就重新计算一次。所以气候模式反映的是每隔30分钟全球范围内发生的天气变化。

计算机技术的发展使气候模式的建立成为可能。世界上第一个气候模式建立于20世纪70年代中期。该模式只集中考虑大气层中的种种变化因素,没有包括地表和海洋的影响。尽管这两项对气候研究非常重要,但受当时技术条件限制也只能放弃考虑,因此该模式的计算结果不够全面。尽管如此,第一个气候模式还是使人们对大气的运动方式有了全面了解。

10年后,随着计算机技术的发展,人们开始将地表因素考虑进气候模式当中,但大洋环流和热量输送则被放置在与海冰研究相关的另一个模式当中。两个模式彼此间相互支撑。到了20世纪90年代,计算机技术终于使人们得以将两个模式合成一个模式,建立了现在的海气耦合模式(AOGCMs)。

海气耦合模式包括大气模式、海洋模式、海冰模式等部分。大气模式包括从20世纪90年代开始建设的大气化学成分模式。90年代早期建立的大气硫化物模式在90年代末与海气耦合模式并于一体。最初建立的碳循环模式包括陆地碳循环和海洋碳循环两个部分,在90年代合并后又与海气耦合模式合并,现在是非硫酸盐气溶胶模式的一部分。科学家们希望在21世纪初期能将大气化学成分模式与海气耦合模式完全融合。

人们利用计算机模拟植被对气候的影响模式也有望最终和海气耦合模式合并。植被与气候之间相互作用。植物的蒸腾作用将地表水带入空中,因此植物的数量和种类能影响水循环,进而影响气候。

气候干旱地区的植被以草为主，过于干旱的地区则寸草不生，地表变成沙漠。地表植被的种类还能改变地表反照率。

模式的缺陷

由于人们对有些气候变化过程还不是十分了解，因而对某些气候现象的研究还不得不借助于假设和推想。受计算机技术的限制，网格区域的划分也不够合理。海洋上的三维网格高度是0.12~0.25英里（0.2~0.4千米），长是78~155英里（125~250千米）。目前最好的地表三维网格划分长度为155英里（250千米）。距地表1 700英尺（519米）的大气仍可以受到地表辐射的影响，对其进行三维网格划分时，其高度间隔为0.62英里（1千米）。这样从地表到高空每个网格的实际测量空间为1.5万立方英里（6.22万平方千米）。

人们对网格中的各种气象变化进行计算分析时都会假定这一变化在整个被网格覆盖的区域里都会发生。但事实并非如此。每个地表网格的覆盖面积大约相当于美国西弗吉尼亚州的面积。如果人们推算这一网格区域将有雷雨发生的话，那将意味着整个西弗吉尼亚州都会下雨，但实际上雷雨的范围从来不可能这么大。大气中的某些变化其实只在很小的范围内发生，因此网格所描述的情况往往并不准确，它只是给出一个大致的参考。虽然这种方法是人们目前能想到的最好的方法，但其实际效果并不理想，尤其涉及云层变化时更是如此。云层因为能够吸收和反射能量，因此对气候变化非常重要。海水对流将表层海水与深层海水混合到一起，并且将溶解于水的二氧化碳带至海底,它对气候也有重要的调节作用。但这些变化发生的范围远远小于模式划分的网格范围。

早期模式因为没有考虑到大气中新增加的气溶胶对大气有降温作用,所以预测的全球增温幅度大于实际幅度。因此当人们将模式的预测结果与实际情况进行对比时必须要考虑到一些其他因素的影响。

由于大气具有混沌的性质,也就是说天气在未来的演变结果对于初始条件中的小扰动十分敏感,因此天气预报的时限大约为2周。气候的演变则是一个缓慢的过程,因而大气的混沌性对气候可预报性的限制不像对天气预报那么大,它的预测范围可达几年。但是为了得到比较可靠的气候预报,人们还必须采取一定的方法。通常是采用不同的模式和不同的初始扰动进行重复多次的运算,然后将不同的运算结果进行比较后再得出结论。

模拟气候变化的其他方法

目前使用的海气耦合模式由于过于复杂,因此只有少数几台功率强大的计算机能完成操作,于是人们还建立了一些其他小型的模式。这些模式主要用于研究气候系统中的某一个方面,尤其被广泛应用于教学之中。同时作为海气耦合模式的一个子系统,它们的研究结果有助于对气候模式的预测结果进行测试和检验。

也有一些气象学家使用了完全另一种方法对气候进行研究。他们所依靠的并不是理论而是观察,他们使用类比法通过对过去史料的研究来预测未来的气候变化结果，人们称之为经验主义学派。

在研究增强的温室效应时，经验主义派指出1750年时大气中二氧化碳含量只有0.028%，而现在则多出1/3达到0.037%。这一数值几乎接近于工业化之前的2倍，导致了大气温度在过去的100年间有所上升。有人曾提出二氧化碳含量的增加还会导致气候发生别的变化，但根据经验主义学派的说法，如果真有什么别的变化的话，其结果现在应该已经显现出来了，但是他们到目前为止还没有发现这些新的变化。

气候模式一直都在进行着不断地完善，但这是一项耗时而艰巨的任务。最新的模式包括了季风及北大西洋波动等几个气候的自然波动，但南方涛动（ENSO）没有被包含在其中。模式的完善不仅需要人们对全球气候系统的方方面面都有深入的了解，同时也对计算机技术的发展提出了挑战。也许最终人们不得不借助量子计算机模式才能满足研究的需要。

二十三

气候变化有那么糟吗

就农业生产而言，气候变暖似乎不见得是件坏事。如果地球再经历一次中世纪暖期的话，大麦和小麦的种植范围将大大北移；时隔一千多年之后，格陵兰岛上也许又会再次出现大片的农场，饲养业和种植业又会在这里蓬勃发展起来了。对于气候的种种变化有谁能说得准呢？我们现在所能了解的仅仅是气候变化可能会对农业和野生生物带来的影响。

水汽蒸发与有效降雨量

高温带来的水汽蒸发能增加降雨量。根据气候模式的预测，热带地区及南北纬40°以上地区的降雨量均会有所增加，而南北纬30°~40°之间的亚热带地区的降雨量将会下降。如果这一预测结果准确的话，那么位于该地区的撒哈拉沙漠、阿拉伯沙漠、叙利亚沙漠、塔尔沙漠、卡拉哈里沙漠和澳大利亚沙漠的气候将更加干旱。

温带地区降雨量的增加并不意味着这些地区的气候会变得潮湿,因为真正决定气候潮湿程度的不是降水量而是降水量与蒸发速度之间的比率,即有效降雨量。有效降雨量的计算方法是用年平均降水量除以年平均温度(如果是降雪量必须转为降水量)。温度升高时蒸发速度的上升将超过降水量的上升,那么不管地表接收了多少的雨水,气候都会变得更为干燥。对内陆地区而言,夏季时水分蒸发的速度远远大于降水增加的速度,因此气候显得异常干热。对属于季风性气候的亚洲某些地区而言,有效降水量将使雨季时的降雨量发生很大变化。模式显示该地区的降雨不仅有季节差异而且还存在年度差异。

对农业的影响

只要温度上升的幅度不超过3.6℉(2℃)就不会减少有效降雨量。如果有效降雨量不减少的话,气候变化对农业产生的不利影响非常小。温度上升使早霜和晚霜出现的概率大大降低,延长了农作物的生长期,有利于农作物的生长和收获。位于大陆内部的沙漠地带和半荒漠化的沙漠边缘地带的面积将缩小4%~20%。

为了促进农作物的生长,园艺种植业普遍使用的做法就是增加空气中二氧化碳的含量。为了能更有效地利用二氧化碳,玉米和甘蔗类作物自身已经逐渐发展了一套进化后的光合作用机制。大气中二氧化碳含量的增加虽然不会给这些作物带来益处,但对其他植物而言,则可以使它们生长得更茂盛强壮,比如谷物(不包括玉米)、根茎植物、卷心菜等叶类植物和水果等。

大气温度的增加有2/3是由夜间温度的上升造成的。最低温度的上升虽然对水分蒸发不会产生影响,但在日间较高温度和二氧化碳施肥作用的共同影响下对农作物生长非常有利。人们对大气状况的研究表明,现在农作物的生长期大大延长了。以北美洲为例,同1980年相比,这里的春季提前了12天而生长期则向后延迟了1~7天。欧洲大陆的生长期提前了4~8天,结束期延迟了14~22天。所以气候变化很可能会导致农作物产量的增加。

对野生动植物的影响

野生动植物对气候变化做出的反应较为复杂。北美树燕的生育期比以前提前了5~9天;美洲歌鸲从低洼的过冬地回到高海拔产卵地的日期比1980年提前了2周。气候变化还使一些植物和昆虫向原来较冷、较干旱的北方或高海拔地区"移民",甚至连一些从来都没有蝴蝶出现的地区也有了蝴蝶的身影。

气候变化也引起了一些问题。北美东部地区的温度上升幅度并不明显,但年均降水量却有所增加。这就意味着冬季里的降雪明显增多,并且由于温度的关系,积雪不容易融化。美洲歌鸲从过冬地来到产卵地日期的提前使它们无法在冰雪尚未完全融化的地区开始筑巢和产卵。土拨鼠有8个月的时间是在高海拔地区冬眠,但现在它们从冬眠中醒来的时间比1980年提前了40天。由于它们的居住地仍然有冰雪尚未融化,加上刚刚醒来后的身体无法支撑它们到山脚下去寻找食物,因此这些土拨鼠时时有饿死的危险。

气候变化还能引发生态系统的改变。位于美国明尼苏达州拉雅岛国家公园里的灰狼为了能在越来越多的雪天里寻找食物,不得不从原来的小组作战改为大队出击。它们杀死的驼鹿数量是从前的3倍。驼鹿主要以香脂冷杉为食,结果驼鹿数量的减少使该地区的香脂冷杉大量生长,生态系统出现了轻微的改变。

高纬度地区的气候变暖最明显

全球气候变暖在北极地区的表现最为明显。这里的海冰日渐减少,包括美国阿拉斯加州和俄罗斯西伯利亚东北部在内的广大地区都有暖冬出现。

北极地区的地表在冬季时释放出在夏季吸收的热量,温度直线下降。下沉的冷重空气形成反气旋。由于这里的冷空气蕴含的水分较少,因此从反气旋流出的空气干燥而寒冷。缺少了水汽这种温室气体的参与,大气中二氧化碳所表现出的温室效应大大增强,所以几乎所有的气候模式都预测北极地区气候将变暖。

欧亚大陆和北美大陆北部地区温度的升高对这里的野生动植物将产生重大影响。据统计,这里的冻原面积将减少40%,海冰面积减少25%,冬季时各种动物在海冰上的活动范围将大大缩小。北美驯鹿的迁徙路线也将不得不发生改变。

暖冬的出现及夏季时间的延长使多种植物开始"搬家"。温带落叶植物的种子也许会在高纬度地区生根发芽,干旱地带的森林将被草场所取代,以此为食的动物们也将因此而寻找新的居住地。尽管过去每一次气候变化都会引发这样的改变,但这次则不同。在人类对土地占主宰地位的今天,这些动植物想要适应新的生活环境又谈何容易。

不过事情也有可能向另一个方向发展。如果农业生产力继续提高的话,人类只需少量土地便可满足对粮食的需要,那么更多的土地就会留给那些野生动植物了。目前的北半球温带森林面积的扩大就是一个极好的例证。森林不仅为人类提供了休息娱乐的场所,同时还维持了生物的多样性。森林还能吸收和储存大量的碳。当然有一点是我们人类不应该忘记的:不管气候变不变暖,人类都有必要为野生动植物留出保护地。

外源疾病

在那些因气候变化而"搬家"的物种当中,有些是能传播疾病的昆虫。人们担心这些虫子会把疟疾这样的热带疾病带到温带地区。

其实人们的这种担心完全没有必要,因为疟疾在温带地区早就不是什么新鲜事儿。在英国疟疾被称为"疟状发热",一度在英国东部沼泽地带盛行,主要集中在泰晤士河河口和英格兰西部萨默塞特的低地沼泽地区。另外疟疾在寒冷的小冰期里也曾在英格兰出现过。疟疾在英国最后一次出现是在1911年。尽管传播疟状发热的疟蚊与传播热带疟疾的蚊子不属于同一种类，但这两种病都是由同一种寄生虫疟原虫传播的。人们从沼泽地带迁出后把这里的水抽干了，蚊虫失去了滋生地；生活水平的提高使住房条件得到改善，蚊子很难再在人们熟睡时钻进房间里咬人；卫生服务的改进也提高了人们预防疾病的意识，疟疾逐渐在英格兰被彻底消灭。

气候变暖不会使沼泽地重新出现，这样蚊子也就失去了滋生的条件。即使人们又发现了能传播疟疾的寄生虫，医疗人员也已经有足够的办法来对付它们。

2000年6月，在南美洲的萨尔瓦多市爆发了登革热，此后该病逐渐向北穿过中美洲到达美国边界。美国医疗和健康服务机构早已为此做好了充分的准备，他们采取有力措施制止了登革热的进一步传播。

登革热一词来自斯瓦希里语，它曾经被认为是一种热带传染病，受温度升高的影响开始在温带地区流行。其实登革热也主要是由蚊子传播，并且在欧洲人们对它也早有所耳闻。登革热在英格兰又被称为骨痛热或老爹热，因为患者常感到关节酸痛僵硬，并且因为脖子和肩膀僵硬而走路姿态异常。登革热的死亡率极低，只会使人暂时失去活动能力。与疟疾一样，登革热不太可能会重新大规模在欧洲流行，给公共健康带来巨大威胁。

今天真正能给人们带来健康威胁的是旅行。即便是死亡率极低的疾病，一旦在全球范围内流行的话，也能给人类带来巨大灾难。1918年流感在全球范围内流行。尽管它的死亡率极低，但由于感染人数众多，还是有2 000万人被夺去了生命。在交通工具日益发达的今天，同样的流行病也能造成大规模的死亡，包括死亡率较高的严重急性呼吸道综合征（SARS）。

海平面与暴风雨

气候模式做出的某些预测也有夸大其词的嫌疑，比如海平面的上升、飓风和龙卷风的增加以及暴雪天气的增多等。

模式预测的海面上升高度为4.3~30英寸（0.11~0.77米），这只是一个中间值。有些地区海平面高度的变化并不是由气候变暖引发的而是由于沿海侵蚀的缘故。

最近几十年里热带气旋发生的频率并没有增加，而在大西洋和加勒比海地区生成的飓风平均风速有所降低，强度减弱。目前还没有证据显示这些天气变化的强度和发生频率会有所加强。即使在未来几年内飓风的发生次数会有所增加，但也只会达到20世纪50年代的水平，并且它只是飓风自然循环周期的一部分，与气候变暖无关。

人们之所以会认为龙卷风的发生次数在近年有上升趋势，是因为人们对龙卷风进行了较多的报道。由于人们对龙卷风的观察越来越深入，因此有关龙卷风的各种信息自然会增多。强龙卷风的发生次数在近年并没有增加，而且发生龙卷风的天数也比过去有所下降。

随着冬季严寒天气的减少和冬季时间的缩短，冬季里出现集中降雪的日子增多了。于是人们认为未来暴雪天气也会增加。其实不然。暖冬的出现只会使暴雪天气发生的频率降低。

种种迹象表明，地球气候在未来不太可能会出现极端性变化，对野生动植物的影响也不会过于剧烈。但如果对温度上升幅度最大值的预测出现偏差的话，那么整个模式对气候变化和生态环境变化的预测都将出现错误，届时人类的农业生产和地球的生物多样性都将面临挑战。

虽然模式对气候变化做出的预测使人类有了这样或那样的担心，但有一点我们应该记住，那就是所有预测结果的基础是大气中温室气体的含量达到工业化革命之前的2倍。目前，大气中温室气体的含量已经是这一数值的2/3，但那些令人担心的预言尚未变成现实。

二十四

阻止气候变化还是接受并适应它

　　面对我们的生存环境可能产生的变化，我们只有两个选择：一个是适应这种变化并采取措施努力把这种变化对我们生活造成的破坏减至最小；另一个就是迎接挑战并扭转这种变化。两个选择听起来简单做起来难。

　　我们现在面临的最大问题是缺少必要的信息。我们仅仅知道温室气体能引起气候变暖是不够的，我们还必须知道变暖的具体影响究竟是怎样的。虽然我们还无法全面详细地了解所有的后果，但至少应该对各个地区遭受影响的大致情况有所了解。如果没有这种准备的话，我们根本就谈不上对变化的适应，也根本不知道应该适应什么，我们也不知道将要采取措施扭转的变化究竟是个什么样子。

　　政府间气候变化专门委员会第一工作组对气候变化可能达到的程度进行了预测后，第二工作组正努力就这种变化程度对各地区造成的影响进行分析，但是他们得出的结论恐怕也只是个大概。目前政府间气候变化专门委员会在全力进行此项研究，希望在第四次评估报告中为人们提供更多的信息。

预防准则

温室气体的排放无疑会导致全球温度的上升，但人们对上升的幅度究竟有多大意见不一。温度上升的多少要取决于气候对大气中温室气体含量微小变化的敏感性。如果敏感性高的话，温度上升得就多；如果敏感性低的话，温度上升得就小，甚至可能不会对人类生活产生任何影响。此外，二氧化碳含量也能影响温度变化，而决定二氧化碳含量的因素有很多。也许在气候产生明显变化之前，大气中二氧化碳的含量就已经达到最大值并且此后便一直维持在这一水平或出现下降。如果这样的话，温度变化的范围也有可能减少。

尽管我们现在掌握的有关气候变化的各种信息和数据还不够充分，但科学的不确定性不应该成为国际社会回应延滞的理由，各国政府应首先采取预防原则。根据预防原则，凡是有可能对人类健康和地球环境造成危害的变革都将被一律禁止。对此也有人提出批评意见，认为这将阻止所有变革的发生。更为明智的做法应该是在变革产生的利益和可能带来的危害之间寻求平衡点。看来预防原则的实施并不是一件易事。

在巴西里约热内卢举行的联合国环境与发展大会上（该会议又被称为里约峰会或地球峰会），有关气候变化的预防原则被批准生效,同时大会还通过了《联合国气候变化框架公约》。该公约是各国政府为阻止或减小气候变化而签署的协议书。经过几轮的磋商之后,各国政府还制定了旨在减少温室气体排放的《京都议定书》(参见补充信息栏:《联合国气候变化框架公约》和《京都议定书》)。

减少排放

二氧化碳是化石燃料燃烧时产生的副产品,是最主要的温室气体之一。因此减少温室气体排放的最主要的一点就是减少人类对化石燃料的依赖性。但从目前看人类还无法完全关闭工厂和发电站,也不可能禁止汽车的生产和使用,因此我们必须找到更为切实可行的办法。

选择之一是核能发电。尽管很多环境组织对这一做法并不欢迎,但不可否认的是核能是一种不会排放任何温室气体的清洁能源。依靠铀和钍的核聚变而不是核裂变的核技术最早有望在21世纪中期为人类提供大量低廉清洁的能源。风力发电早已经被广泛应用,现在人们正在对海浪发电进行研究。

许多家庭都用太阳能来给水加热。如果能降低生产成本的话,太阳能电池也是不错的选择。目前人们正在寻找能替代汽油的汽车燃料,其中氢是未来汽车燃料的首选。

除了减少排放量以外,各国政府还可以用植树造林等方法吸收本国排放的多余的碳。此外,《京都议定书》第12条阐释的清洁发展机制还允许工业化国家的政府或者私人经济实体在发展中国家开展温室气体减排项目并据此获得"经核准的减排量"（certified emission reductions）。工业化国家可以用所获得的CER来抵减本国的温室气体减排义务。

1992年7月，被称为"地球峰会"或"里约峰会"的联合国环境与发展大会在巴西里约热内卢举行。此次会议的主要议题是讨论全球变暖所导致的危害以及如何应对它。本次会议所取得的成绩之一就是签署了《联合国气候变化框架公约》。

公约承认气候变化对人类生活产生重大影响，并且提出签署公约的目的是："根据本公约的各项有关规定，将大气中温室气体的浓度稳定在防止气候系统受到危险的人为干扰的水平上。这一水平应当在足以使生态系统能够自然地适应气候变化、确保粮食生产免受威胁并使经济发展能够可持续地进行的时间范围内实现。"

会议要求各缔约国提供并颁布本国温室气体的排放清单以及应清除的温室气体数量，各国还必须彼此合作制定减少或阻止温室气体排放的措施并做好应对气候变化的各种准备。

公约于1992年5月9日在纽约举行的联合国会议上被批准。此后有50个国家在公约上签字。公约在签字后的6

个月后即 1994 年 3 月 21 日生效。

公约并未就各国减少温室气体排放的具体目标做出规定，它只要求各国收集这方面的信息并举行一系列会议对下一步行动进行讨论。迄今为止已经举行了几次缔约方会议。第一次会议于 1995 年 3 月在德国柏林举行，第二次会议于 1996 年 6 月在瑞士日内瓦举行，而第三次会议则于 1997 年 9 月在日本京都举行。每次会议举行之前，各国政府都要派出官员参加事先召开的预备会议。在预备会议上各国代表就本国政府所要签署的协议进行草拟。

在京都举行的第三次缔约方会议规定了减少温室气体排放的具体目标，总目标要求在 2008—2012 年之间将全球的排放量减至 1990 年排放量的 95% 或 95% 以下。这一规定被称为《联合国气候变化框架条约下的京都议定书》，简称《京都议定书》。它于 1997 年 12 月 11 日在第三次缔约方会议上被通过。

除了总目标外，经过长时间的争论，《京都议定书》还规定了各国具体的排放目标，允许爱尔兰、澳大利亚和挪威的排放量分别比 1990 年增加 10%、8%、1%。

《京都议定书》要求发达国家和东欧各国削减排放量，发展中国家不承担削减义务，以免影响经济发展，可以接受发达国家的资金、技术援助，但不得出卖排放指标。

《京都议定书》能达到预期目标吗

　　各国对《京都议定书》的反应各不相同,其中也存在着激烈的辩论和严重的分歧。美国和澳大利亚等国家拒绝签署该议定书,理由是这对本国经济的发展弊多利少。对那些签署了议定书的国家而言,他们能否在规定的时间内达到目标还是个未知数。即使是达到了议定书所规定的目标,对气候变化产生的影响也收效甚微。基于对现实的两种考虑,许多专家认为要想通过减少温室气体排放的方法阻止全球性变暖,那么排放量必须降至1990年的60%以下,有些专家甚至认为应该将排放量降至零点并完全放弃化石燃料的使用。这些观点也有待研究。

　　他们首先认为如果人类不采取措施切实减少二氧化碳排放量的话,那么大气中二氧化碳的含量将大大增长。但现实情况是二氧化碳的排放量每年都发生变化,并且它在大气中的增加速度也低于人们为气候模式提供的数据。

　　第二种考虑是气候对温室气体含量的变化非常敏感。但目前大气温度上升的速度并不快,大约每100年上升3℉（1.7℃）,这表明气候对温室气体含量的变化并不敏感。海洋对温度变化的反应更加迟钝。也许目前气候变化滞后于大气中化学成分的变化。当气候变化的速度与大气化学成分变化的速度持平时,气温可能会急剧地攀升,但目前人们对此还不能确定。

　　也许适应气候变化并不像人们想象的那么难,因为谁也无法把未来看得一清二楚。随着科学技术的发展,人们总有一天会找到减少温室气体排放的办法。既能提高效率又能减少污染的能源保护措施也有其道理；替代汽油和柴油的新型汽车燃料既可以减少污染也可以减少对人体的伤害。也许未来的城市里再也见不到汽车排放的尾气，所有的交通工具都不会释放出刺耳的噪声，完全靠电力驱动，排放到空气中的也只是水蒸气而已。有了清洁的能源后，城市里再也见不到烟囱林立的景象，偶尔见到的几根烟囱不过是提醒人们从前的生活曾经是个什么样子。所以气候变化也许真的没那么糟糕。我们在努力弄明白气候变化的同时，也会了解更多有关太阳、地球、大气和海洋间的相互作用对气候的影响，以及由此产生的阳光、降雨、酷暑和严冬。

附录

国际单位及单位转换

单位名称		位量的名称	单位符号	转换关系
基本单位	米	长度	m	1米=3.280 8英尺
	千克(公斤)	质量	kg	1千克=2.205磅
	秒	时间	s	
	安培	电流	A	
	开尔文	热力学温度	K	1 K=1℃=1.8℉
	坎德拉	发光强度	cd	
	摩尔	物质的量	mol	
辅助单位	弧度	平面角	rad	$\pi/2\text{rad}=90°$
	球面度	立体角	sr	
	库仑	电荷量	C	
	立方米	体积	m^3	1米^3=1.308码^3
	法拉	电容	F	
	亨利	电感	H	

单位名称	位量的名称	单位符号	转换关系
赫兹	频率	Hz	
焦耳	能量	J	1焦耳=0.238 9卡路里
千克每立方米	密度	$kg\ m^{-3}$	1千克/立方米=0.062 4磅/立方英尺
流明	光通量	lm	
勒克斯	光照度	lx	
米每秒	速度	$m\ s^{-1}$	1米每秒=3.281英尺每秒
米每二次方秒	加速度	$m\ s^{-2}$	
摩尔每立方米	浓度	$mol\ m^{-3}$	
牛顿	力	N	1牛顿=7.218磅力
欧姆	电阻	Ω	
帕斯卡	气压	Pa	1帕=0.145磅/平方英寸
弧度每秒	角速度	$rad\ s^{-1}$	
弧度每二次方秒	角加速度	$rad\ s^{-2}$	
平方米	面积	m^2	1米^2=1.196码^2
特斯拉	磁通量密度	T	
伏特	电动势	V	
瓦特	功率	W	1 W=3.412 Btu h^{-1}
韦伯	磁通量	Wb	

（导出单位）

国际单位制使用的前缀（放在国际单位的前面从而改变其量值）

前　缀	代　码	量　值
阿托	a	$\times 10^{-18}$
费托	f	$\times 10^{-15}$
区高	p	$\times 10^{-12}$
纳若	n	$\times 10^{-9}$
马高	μ	$\times 10^{-6}$
米厘	m	$\times 10^{-3}$
仙特	c	$\times 10^{-2}$
德西	d	$\times 10^{-1}$
德卡	da	$\times 10$
海柯	h	$\times 10^{2}$
基罗	k	$\times 10^{3}$
迈伽	M	$\times 10^{6}$
吉伽	G	$\times 10^{9}$
泰拉	T	$\times 10^{12}$

参考书目及扩展阅读书目

Abysov, S. S., M. Angelis, N. I. Barkov, J. M. Barnola, M. Bender, J. Chappellaz, V.K. Chistiakov, P. Duval, C. Genthon, J. Jouzel, V. M. Kotlyakov, B. B. Kudriashov, V. Y. Lipenkov, M. Legrand, C. Lorius, B. Malaize, P. Martinerie, V. I.Nikolayev, J. R. Petit, D. Raynaud, G. Raisbeck, C. Ritz, A. N. Salamantin, E. Saltzman, T. Sowers, M. Stievenard, R. N. Vostretsov, M. Wahlen, C. Waelbroeck, F. Yiou, and P. Yiou. "Deciphering Mysteries of Past Climate from Antarctic Ice Cores." *Earth in Space* 8, no. 3, p.9, November 1995. American Geophysical Union. Available on-line. URL: www. agu.org/sci_soc/ vostok, html. Accessed November 13, 2002.

Allaby, Michael. *Basics of Environmental Science.* 2d ed. New York: Routledge, 2000.

_____. *Dangerous Weather: Fog, Smog, and Poisoned Rain.* New York: Facts On File, 2003.

_____. *Deserts.* New York: Facts On File, 2001.

_____. *Encyclopedia of Weather and Climate.* 2 vols. New York:

Facts On File, 2001.

American Geophysical Union. "Climate of Venus May Be Unstable." Available on-line. URL: www. agu.org/sci_soc/venus_pr. html. Posted April 7, 1996.

Barry, Patrick L., and Tony Phillips. "The Inconstant Sun." NASA. Available on-line. URL: science.nasa.gov/headlines/y2003/17jan_ solcon.htm?list847478. Accessed March 21, 2003.

Barry, Roger G., and Richard J. Chorley. *Atmosphere, Weather & Climate.* 7th ed. New York: Routledge, 1998.

Bryant, Edward. *Climate Process & Change.* Cambridge, U.K.: Cambridge University Press, 1997.

Burroughs, William James. *Climate Change: A Multidisciplinary Approach.* Cambridge, U.K.: Cambridge University Press, 2001.

"Cahokia Mounds State Historic Site." UNESCO. Available on-line. URL: whc.unesco.org/sites/1298.htm. Updated November 17, 2002.

Catling, David. "Basic Facts about the Planet Mars." Mars Atmosphere Group, Space Science Division, NASA Ames Research Center. Available on-line. URL: Humbabe.arc.nasa/gov/mgcm/faq/ marsfacts/html. Accessed November 11, 2002.

Cornish, Jim. "The Anasazi Theme Page." Gander Academy. Available on-line. URL: www. stemnet.nf. ca./CITE/anasazi.htm. Updated December 12, 2000.

"Cracking the Mystery to Venus' Climate Change." *Spaceflight*

Now. Available on-line. URL: spaceflightnow. com/news/ n0103/13venus/. NASA/JPL news release posted March 13,2001.

Crossley, John. "Carlsbad Caverns National Park." "The American Southwest: A Guide to the National Parks and Natural Landscapes of Southwest U.S.A." Available on-line. URL: www. americansouthwest. net/new_mexico/carlsbad_caverns/national_park. html. Updated November 13, 2002.

Daly, John L. "Tasmanian Sea Levels: The 'Isle of the Dead' Revisited." February 2, 2003. Available on-line. URL: www. john-daly. com/deadisle.

_____. "The Surface Record: 'Global Mean Temperature' and how it is determined at surface level." Report to the Greening Earth Society, May 2000. Available on-line. URL: www. greeningearthsociety. org/ Articles/2000/surfacel.htm.

Dutch, Steven. "Glaciers." Available on-line. URL: www. uwgb. edu/dutchs/ 202ovhds/glacial.htm. Updated November 2, 1999.

Emiliani, Cesare. *Planet Earth: Cosmology, Geology, and the Evolution of Life and Environment.* Cambridge, U.K.: Cambridge University Press, 1995.

Geerts, B., and E. Linacre. "Sunspots and climate." December 1997. Available on-line. URL: www-das.uwyo.edu/~geerts/cwx/notes/ chap02/sunspots.html. Accessed March 20, 2003.

GISP2 Science Management Office. "Welcome to GISP2: Greenland Ice Sheet Project 2." Durham, N.H.: Climate Change

Research Center, Institute for the Study of Earth, Oceans and Space, University of New Hampshire. Available on-line. URL: www. gisp2.sr. unh.edu/GISP2. Updated March 1, 2002.

Henderson-Sellers, Ann, and Peter J. Robinson. *Contemporary Climatology.* Harlow, U.K.: Longman, 1986.

Hoare, Robert. "World Climate." Buttle and Tuttle Ltd. Available on-line. URL: www. worldclimate.com/worldclimate. Updated October 2, 2001.

Hoffman, Paul F., and Daniel P. Schrag. "The Snowball Earth."Available on-line. URL: www-eps.harvard.edu/people/faculty/ hoffman/snowball_paper. html. August 8, 1999.

Houghton, J. T., Y. Ding, D.J. Griggs, M. Noguer, P. J. van der Linden, X. Dai, K. Maskell, and C. A. Johnson. *Climate Change 2001: The Scientific Basis.* Contribution of Working Group I to the Third Assessment Report of the Intergovernmental Panel on Climate Change. Cambridge, U.K.: Cambridge University Press, 2001.

IndiaNest.com. "Indus Valley Civilization." Available on-line. URL: www. indianest.com/architectnre/00002.htm. November 13, 2002.

Iseminger, William R. "Mighty Cahokia." *Archaeology,* vol.29, number 3, May/June 1996. Archaeological Institute of America. Available on-line. URL: www. he.net/~archaeol/9605/abstracts/cahokia. html. Accessed March 19, 2003.

Johnson, George. "Social Strife May Have Exiled Ancient Americans." *The New York Times.* Available on-line. URL: www.

santafe.edu/~johnson/articles. anasazi.html. August 20, 1996.

Kaplan, George. "The Seasons and the Earth's Orbit—Milankovich Cycles." U.S. Naval Observatory, Astronomical Applications Department. Available on-line. URL: aa.usno.navy. mil/faq/docs/ seasons_orbit.html. Last modified on March 14, 2002.

Ladurie, Emmanuel LeRoy. *Times of Feast, Times of Famine: A History of Climate Since the Year 1000.* New York: Doubleday and Company, 1971.

Lamb, H. H. *Climate, History and the Modern World.* 2d ed. New York: Routledge, 1995.

LeBeau, Kara. "A Curve Ball Into The Snowball Earth Hypothesis?" Geological Society of America. Available on-line. URL: www. geosociety. org/news/pr/0163.htm. December 3, 2001.

Lovelock, James. *The Ages of Gaia.* New York: W. W. Norton & Company, 1988.

Lutgens, Frederick K., and Edward J. Tarbuck. *The Atmosphere.* 7th ed. Upper Saddle River, N.J.: Prentice Hall, 1998.

Mandia, Scott A. "The Little Ice Age in Europe." Available on-line. URL: www2. sunysuffolk. edu/mandias/lia/little_ice_age.html. Accessed March 25, 2003.

Members.tripod.com. "The Indus Valley Civilisation." Available on-line. URL: members.tripod.com/sympweb/IndusValleyhistory. htm. Accessed November 13, 2002.

Michaels, Patrick J., and Robert C. Balling, Jr. "Kyoto Protocol: 'A useless appendage to an irrelevant treaty.' " Statement to the Committee on Small Business, United States House of Representatives, July 29, 1998. Available on-line. URL: www. cato.org/testimony/ct-pm072998. html. Accessed April 15, 2003.

_____. *The Satanic Gases: Clearing the Air about Global Warming.* Washington, D.C.: Cato Institute, 2000.

Montfort, Tim. "Effects of Sunspots on Earth." University of Maine. Available on-line. URL: www. cs.usm.maine.edu/~montfort/ast100.htm. Accessed March 20, 2003.

NASA. "Earth's Fidgeting Climate." Science@NASA. Available on-line. URL: Science.nasa.gov/headlines/y2000/ast20oct_1.htm. Posted October 20, 2000.

_____. "Environmental Treaties and Resource Indicators (ENTRI)— Full Text." Center for International Earth Science Information Network (CIESIN), Socioeconomic Data and Applications Center (SEDAC). Available on-line. URL: sedac.ciesin.org/pidb/texts/climate.convention. 1992.html. Accessed April 15, 2003.

_____. "Global Warming." Available on-line. URL: www. maui. net/~jstark/nasa.html. Accessed March 28, 2003.

_____. "Hydrologic Cycle." NASA's Observatorium. Available on-line. URL: observe.arc.nasa.gov/nasa/earth/hydrocycle/hydro2.html. Accessed November 12, 2002.

_____. "Mars Chaotic Climate." Space Telescope Science Institute. Available on-line. URL: oposite.stsci.edu/pubinfo/pr/97/15/background.

html. Accessed November 11, 2002.

_____. "NASA Scientists Propose New Theory of Earth's Early Evolution." Ames Research Center. SpaceRef.com.Available on-line. URL: www. spaceref. com/news/viewpr. html?pid=5687. Accessed August 3, 2001.

Niroma, Timo. "Sunspots: The 200-year sunspot cycle is also a weather cycle." Available on-line. URL: www. kolumbus.fi/tilmari/ some200.htm. Accessed March 20, 2003.

"Ocean Surface Currents: Introduction to Ocean Gyres." Available on-line. URL: oceancurrents.rsmas.miami.edu/ocean-gyres.html. Accessed November 12, 2002.

O'Connor, J. J., and E. F. Richardson. "Jean-Baptiste-Joseph Fourier." School of Mathematics and Statistics, University of St. Andrews, Scotland. January 1997. Available on-line. URL: www-gap. dcs.st-and.ac.uk/~history/Mathematicians/Fourier. html. Accessed March 27, 2003.

Oke, T. R. *Boundary Layer Climates.* 2d ed. New York: Routledge, 1987.

Oliver, John E., and John J. Hidore. *Climatology, An Atmospheric Science.* 2d ed. Upper Saddle River, N.J.: Prentice Hall, 2002.

Petit, J. R., D. Raynaud, C. Lorius, J. Jouzel, G. Delaygue, N. I. Barkov, and V. M. Kotlyakov. "Historical Isotopic Temperature Record from the Vostok Ice Core." *Trends: A Compendium of Data on Global Change.* Oak Ridge, Tenn.: Carbon Dioxide Information Analysis

Center, Oak Ridge National Laboratory, U.S. Dept. of Energy, January 2000. Available on-line. URL: cdiac.esd.ornl.gov/trends/temp/vostok/ jouz_tem.html. Accessed November 13, 2002.

Phillips, Tony. "The Resurgent Sun." NASA. Available on-line. URL: science.nasa.gov/headlines/y2002/18jan_solarback. htm?list154233. Accessed January 22, 2002.

Powell, Eric A. "Caves and Climate." *Archaeology 55,* no.1. Archaeological Institute of America. Available on-line. URL: www. archaeology. org/magazine.php?page=0201/newsbriefs/caves. January/ February 2002.

Rothhamel, Tom. "Isostasy." Available on-line. URL: www. homepage.montana.edu/~geo1445/hyperglac/isostasy. Last modified July 11, 2000.

Schlesinger, William H. *Biogeochemistry: An Analysis of Global Change.* 2d ed. San Diego: Academic Press, 1991.

Space.com. "Lunar Data Sheet." Available on-line. URL: www. space.com/ scienceastronomy/solarsystem/moon-ez.html. Posted on November 11, 1999.

Stephenson, David B. "Environmental Statistics Study Group."Available on-line. URL: www. met.rdg.ac.uk/cag/stats/essg. Accessed April 4, 2003.

Stern, David P. "Precession," in *From Stargazers to Starships.* Available on-line. URL: www. phy6.org/stargaze/Sprecess.htm. Last updated December 13, 2001.

United Nations. "Full Text of the Convention." Available on-line. URL: unfccc.int/resource/conv. Accessed April 15, 2003.

_____. "Kyoto Protocol to the United Nations Framework Convention on Climate Change." Avail-able on-line. URL: unfccc.int/resource/docs/convkp/kpeng.html. Accessed April 25, 2003.

_____. "United Nations Framework Convention on Climate Change." Avail-able on-line. URL: unfccc.int. Accessed April 15, 2003.

University of New Mexico. "UNM Scientists Establish Link Between Climate and Cultural Changes." University of New Mexico, Public Affairs Department. Available on-line. URL: www. unm.edu/news/Releases/Oct5earthand planetary. htm. Posted on October 5, 2001.

Van Helden, Albert. "Sunspots." Rice University. Available on-line. URL: es.rice.edu/ES/humsoc/Galileo/Things/sunspots.html. Accessed March 20, 2003.

"Welcome to Cahokia!" Available on-line. URL: medicine.wustl.edu/~mckinney/cahokia/welcome.html. Accessed March 19, 2003.